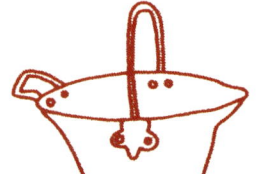

살림이 좋아

파워 블로그 〈그곳에 그집〉 띵굴마님의 명랑한 살림 책

이혜선 지음

for book fresh

Contents

1장 내 살림은 꽃에서 시작되었다

4장 여자에게 수납은 전쟁이다

당신이 매일 하는,

그래서 하찮은,

그러나 참 값진…

[살림]

: 한 집안을 이루어 살아가는 일

〈마님 책 제목으로 「살림이 좋아」 어때요?〉

몹시 더운 여름밤, 그것도 밤 열한 시가 훌쩍 넘은 시각에 문자가 날아왔다. 내 생애 첫 책을 준비 중인 출판사의 편집자가 보내온, 살짝 매너를 상실한 한 줄의 문자였다. 아니, 훤한 대낮에는 다 뭣들 하시다가 남의 부부 곤히 잠든 야심한 시각에 이러시냐고. 쩝!

〈넹넹. 좋아요. 저는 다 좋아용.〉

졸음이 묻어 성의 없어 보이는 말투로 답을 날렸다. 사실, 뭐 그렇게 대단히 신선한 느낌도 아니지 않나? '살림'이란 게 다 그렇고 그런 거지.

그런데 거기에서 끝나지 않았다. 이번에는 살림에 대한 사전적인 해석이 한 줄 띵똥! 헉! 내 마음을 눈치챈 게다. 알았다고요. 알았어!

〈완존 좋아용!〉

시큰둥한 마음을 숨긴 채 강력한 호응의 답을 몇 차례 날려주고서야 겨우 다시 잠을 청할 수 있었다. 물론, 연거푸 날아드는 띵똥 소리 때문에 남편에게 타박도 좀 받아야 했고.

[살림] : 1. 한 집안을 이루어 살아가는 일.

2. 살아가는 형편이나 정도.

3. 집 안에서 주로 쓰는 세간.

그런데 이튿날 아침, 집 안 정리를 끝내고 컴퓨터 앞에 앉아서 '살림'이라는 단어의 뜻을 찾아보았을 때… 편집자가 왜 그 늦은 시각에 예의범절도 무시한 채 문자를 날렸는지를 알 수 있을 것 같았다. 흔하디흔한 '살림'이라는 말. 그 속 깊은 뜻을 새삼 헤아려보게 된 모양이었다. 살림이란 한 집안을 이루어 살아가는 일이라지 않는가. 사람을 살리는 일이 살림인 게다. 이보다 더 대단한 일이 또 있을까? 내가 하는 살림이란 게, 내가 만드는 음식이, 내가 조물거리는 하루하루의 모든 일들이 다 내 가족을 살게 하는 일이라는 것. 참, 이상하게도 뭉클한 감동 같은 것이 마음으로 들어와 꽃을 피웠다.

"차 한 잔 하고 가요, 우리"

살림의 기쁨을 알게 해준 나의 블로그 '그곳에 그집'

'부엌데기'라는 말이 있다. '살림'이란 말이 부엌데기를 닮았다고 생각했던 적이 있었다. 집 안의 허드렛일들을 도맡아 하면서, 평생을 그렇게 쓸고 닦고 밥이나 짓는 일만 하면서 살고 싶지는 않았던 것 같기도 하다. 얼마나 할 수 있는 일이 많은 세상인데… 그 세상 속으로 씩씩하게 나가서 내 자리 하나 든든하게 차지 한 채, 내가 가장 잘할 수 있는 일들을 하면서 살겠다고 생각했던 것 같다.

그렇게 20대를 넘기고, 서른을 맞고, 30대 초반의 언저리를 워커홀릭처럼 일에 빠져 살았다. '의류 디자이너'라는 이름으로 야근과 철야를 마다 않고 바삐 사는 동안, 나는 그런 내가 대견했고, 그래서 몸이 축나는 것도 모른 채 일을 즐겼다.

지금의 내 남편을 만나지 않았더라면… 어쩌면 나는 아직도 일하는 싱글의 삶에 빠진 채 살고 있었을지도 모르겠다. 코흘리개 시절을 함께 지나온 초등학교 동창 생. 20여 년 만에 다시 만난 우리는 맥주를 마시거나, 추억담으로 시간을 보내거 나, 잘 자란 서로를 대견해하다가 그만, 부부가 되기로 약조를 했다. 그렇게 그 '아이'와 결혼한 지 8년째. 결혼 후 4년여 동안 맞벌이, 그리고 직장을 그만두면 서 '마님'처럼 집 안으로 들어앉은 나머지 세월을 더해 보니 벌써 그렇게 되었다.

일하는 여자였던 내가 전업주부의 삶을 살기 시작하면서는… 왜 그랬을까. 내가 매일 하고 있는 일들이 그다지 가치 있게 느껴지지 않았다. 여자라면 누구나 다 하고 있는 일을 나도 그저, 그렇게 하고 있을 뿐이라고 생각했으니까.

그런 내 삶에 행복한 불씨를 지펴준 것은 지인의 권유로 시작하게 된 블로그였 다. '그곳에 그집'이라는 이름으로 나의 블로그 하나 개설하고는 매일 일기를 쓰 듯이 블로그에 나의 살림 이야기를 끄적거리기 시작했다.

누가 보아줄지도 알 수 없는 일이었지만 하나둘, 나의 솜씨를 기록하기 시작하 자 이상한 사명감 같은 것이 생겨났다. 내 살림이 어쩐지 대단한 일처럼 느껴지 기 시작했고, 조금 더 잘하고 싶다는 욕심 같은 것도 생겼다. 그래서 몇 해를 그 렇게 열심을 다해 블로그를 채워가다 보니 '네이버 파워 블로거'라는 훈장 하나 달게 되었고, 덕분에 내 어깨에는 신이 나서 팔랑거리는 날개가 달렸다.

내 소소한 이야기를 들어주는 사람이 늘어나고, 그들과 살림에 대한 수다를 나 누면서 나의 생활은 완전히 새로운 방향을 향해 가기 시작한 것이다.

나는 매일 집으로 출근한다

고백하자면 나는, 우리 집을 내 직장처럼 여긴다. 물론 처음부터 그렇게 생각했던 것은 아니었다. 전업주부로 살기 시작하면서, 그러니까 반복되는 일상이며 늘 하는 똑같은 살림이라는 것에 회의가 들기 시작할 무렵부터였다. 어차피 내가 해야 할 일이라면 조금 더 기쁘게, 조금 더 완성도 높게 하는 게 좋겠다고, 일종의 마인드 컨트롤을 하기 시작한 셈이다. 게다가 블로그라는 기록장 하나 생기고 나니 그렇게 마음먹는 일이 조금 더 쉬워졌다.

그러니까 남편이 출근하고 혼자 남게 되는 그 시간에 나는 집으로 출근하는 것이다. 나의 업무는 살림이다. 청소와 빨래, 요리, 집 꾸미기, 바느질하기, 베란다 가꾸기와 가족 이벤트 만들기… 그 모든 업무를 프로처럼 해내기 위해서는 잠시도 쉴 틈이 없다. 하지만 까다로운 상사도 없고, 눈치 봐야 할 후배도 없으니 괜찮다. 뭐든 내 멋대로, 내 기분대로, 내 감각대로 하면 그만이다. 세상에 이보다 더 즐거운 일이 어디 있으려고! '즐거운 살림'을 나의 업무로 정하고 난 이후부터 내 살림에서는 조금씩 빛이 나기 시작했다.

살림이란 기술이 아니라 마음으로 하는 것

그렇게… 매일 살림을 한다. 밥을 짓고, 빨래를 하고, 내 집을 윤기 나게 하기 위해 쓸고 닦는다. 살림 경력 8년. 그 세월이 허투루 지나간 것은 아닌지, 나는 살림하는 일이 신 난다. 아니, 신 나게 살기 위해서 길을 찾는다. 매일 하는 살림을 조금 더 빛나고, 조금 더 야무지게 해내기 위해서 말이다.

"어떻게 그럴 수 있어요? 어떻게 집도 잘 꾸미고, 요리도 잘하고, 살림 고르는 안목도 높고, 꽃도 잘 꽂고, 채소도 잘 키우고, 바느질도 잘하고… 어떻게 그렇게 만능일 수 있는 거죠?"

나의 살림 이야기를 묶어 한 권의 책으로 세상에 내놓기로 결정한 날, 출판사의 편집자가 내게 물었다.

"내가 원래 좀 다 잘해요. 하하!"

과도한 칭찬이 하도 민망해서 그렇게 얼버무리고 말았지만, 나는 알고 있다. 살림을 잘하게 하는 것은 기술이 아니라 마음이라는 것을. 마음이 담기면 흥이 채워지고, 흥겨우면 살림에서 빛이 나기 시작한다. 내 손길 하나에 내 가족의 행복이 달려 있다는 그 소중한 마음이 살림하는 내 손에 하트를 달아주는 것이다.

세상의 모든 살림하는 여자들과 그 마음을 나누고 싶었다. 매일 하는 살림이 너무 지겹거나 고단해서 지쳐 있는 여자들, '솥뚜껑 운전사'라거나 '김 여사' 같은 하대하는 말들 때문에 자존심이 무척 상한 여자들, 해도 해도 끝이 보이지 않는 살림에 눈앞이 캄캄한 여자들, 푼돈으로 집 안을 꾸려가느라 속이 터지는 여자들, 살림에서 희망을 찾을 수 없는 여자들, 살림하느라… 꿈을 접어둔 우리, 여자들. 이 모든 사람들과 함께 살림의 오롯한 기쁨을 찾아가고 싶어서 말이다. 이 책은 내 그런 마음을 고스란히 담아낸 한 권의 일기장이고, 또 하나의 진심이다.

살림의 정상을 찾아가기 위해 매일매일 무한 도전하고 있는 나를 말없이 지지하고 지원해 주는 남편에게 이 자리를 빌려 고맙다는 말을 전하고 싶다. 그리고 매일 나의 블로그를 찾아와 성원해 주는 따뜻한 이웃들에게도 깊은 감사의 뜻을 전한다. 그들이 아니었으면 감히, 이렇게 사소한 이야기들을 책으로 엮을 용기 같은 것은 내지 못했을 테니까. 그리고 밤낮없이 나를 다그치거나 때로 협박도 하면서 글 쓰고, 사진 찍을 수 있게 힘을 실어준 〈에프북〉의 편집자들과 〈포북출판사〉의 대표님들께도 꾸벅, 고개 숙여 인사하고 싶다. 살림하는 일이 너무 하찮다고 생각해서 기운 잃었던 누군가가 있다면 이제 그들의 손을 잡고 함께 걸어가고 싶다. 살림의 기쁨, 살림의 희망이 얼마나 크고 대견한 것인지를 깨닫기 위해서 말이다.

그러기 위해서 나는 오늘도 또다시 내 집으로, 내 살림 속으로 기쁘게 출근을 한다.

〈그곳에 그집〉의 '땅굴마님' 이혜선 씀

샘 많고,

꿈 많고,

욕심 많고,

정(情)도 많고…

'띵굴마님'의 명랑한 살림을 소개합니다

한 여자를 만났습니다. '띵굴마님'이라는 닉네임을 가진 블로거였습니다. 살림을 잘한다기에, 전셋집을 참 보란 듯이 꾸며 놓고 살고 있다기에, 꽃에도 일가견이 있고, 요리도 잘하고, 핸드메이드 솜씨도 장난이 아니라고 하기에 만나 보기로 했습니다.

하지만 그녀를 발견한 후배가 별스럽게 칭찬을 쏟아 놓으면서, 꼭 한 번 만나 달라고 간청을 할 때도 사실 속으로는 그랬습니다. '집도 잘 꾸미고, 요리도 잘하고, 꽃도 잘 꽂고, 만들기도 잘한다고? 쳇! 그런 사람이 어디 있냐?' 이렇게요. 그러니 처음 그녀를 만났을 때, 뭐 그리 대단한 기대 같은 걸 품었을 리도 만무합니다. 그저 만났던 거지요. 그저, 아무런 욕심 없이.

〈그곳에 그집〉이라는 블로그의 주인장 '띵굴마님', 이혜선 여사. 그녀를 만난 지 햇수로 두어 해입니다. 그사이 저는 그녀를 사랑하게 되었습니다. 예뻐서요. 참 예쁜 여자여서 말입니다. 참고로 저는 이름만 대면 다 알 만한 잡지사에서 생활 기자 노릇에 편집 책임까지 맡아 하느라 20년이 넘는 세월을 솜씨 좋은 여자들만 골라서 만나며 살아온 사람입니다.

그런데 처음 봤습니다. 이런 여자를. 이렇게 유난스러운 솜씨를 가진 여자를. 하는 일마다 어쩌면 그렇게 금메달감인지… 살림 대회 출전을 목전에 둔 여자 같아서요. 입만 열면 그 여자 칭찬을 하느라 살이 쭉쭉 내릴 지경인 거죠. 그녀가 뿜어내는 밉지 않은 욕심, 도무지 식지도 않는 살림에 대한 열정, 그리고 무엇보다 정다운 심성이 좋습니다. 다정한 그 여자의 삼삼한 살림 솜씨에 홀딱 반해 버리고 만 셈입니다.

책을 만들기로 약조하고, 계약서에 도장도 쾅 찍고 난 후부터 그녀의 살림을 스크랩하기 시작했습니다. 정말 잘합디다. 살림을. 살림이란 게 무슨 특허 낼 상품도 아니고, 시합 나갈 종목도 아닌데 그렇게까지 열심을 다하는 게 놀라웠습니다. 좋으니까 그러는 거겠지요. 좋으니까. 누가 시켜서 하는 일이라면 그럴 수는 없을 테지요.

밥을 먹고, 잠을 자듯이 살림이란 걸 하면서 살고 있는 우리들이니 잘 알지 않던가요. 살림이 얼마나 귀찮고, 번거롭고, 가끔은 땡땡이치고도 싶은 일인지를 말입니다. 그런데도 그렇게 날마다 콧노래 부르면서 살림을 한다는 건 살림에 미쳐 있기 때문이라는 걸 어떻게 모르겠나, 이거지요.

그런데 「살림이 좋아」라는 제목의 책으로 묶어내기로 한 뒤, 편집 과정에서 약간의 문제가 발생했습니다. 어떻게 만들 것인지 기획하고, 사진을 고르고, 원고를 쓰게 하고… 1년이 넘게 그런 복잡한 과정을 거쳐서 대략의 편집을 끝내고 보니 어마어마한 분량이 되었기 때문입니다. 그대로 묶었다가는 노약자나 임산부에게는 무기(?)가 되기 십상인 두께였습니다. 밥 안 먹으면 책을 들지도 못하게 생겼던 거예요. 하도 두꺼워서! 뭘 좀 덜어낼 내용이 없는지 아무리 뒤져봐도 아까워서 버릴 수 없는 것들뿐이었습니다.

이 모든 게 다 '띵굴마님'의 욕심 탓입니다. 그녀의 살림 욕심이 하도 유난해서 이렇게 난감한 상태가 되고 만 것이지요. 결국 한 권의 책으로 기획되었던 「살림이 좋아」는 두 권의 책이 되고 말았습니다. 쌍둥이가 된 거지요. 지금 펴낸 여기 1권에는 꽃을 심고, 전셋집을 꾸미고, 소품을 만들고, 수납을 하는 가지각색의 이야기가 담겼습니다.

열심히 만들고 있는 2권에는 요리하고, 텃밭 가꾸고, 부엌살림 하고 그리고 또 주부들이 찾는 바깥세상의 즐거운 이야기들이 꽉 꽉 들어차게 될 것입니다. 2권 역시 기대 그 이상의 가치를 지닌 이야기들로만 채워질 것이라는 걸… 기획자로서 감히 약속드릴 수 있을 것 같습니다. 조금은 뻔뻔하고 송구스럽지만 말입니다.

사는 일이 고단하고 힘에 부쳐서 서글퍼질 때 어쩌면 이 책이 소소하나마 위로가 될 수 있지 않을까, 하고 조심스럽게 생각해 보고 있습니다. 펼쳐 놓고 읽으면서 살림에 대해 다시 생각하고, 하나씩 따라해 보면서 살림의 기쁨을 만나보실 수 있었으면 좋겠습니다.

참! 맨 뒷장에는 '띵굴마님'이 발로 뛰며 찾아낸 멋진 숍들도 쫀쫀한 정보로 묶어 두었습니다. 그러니 가끔씩, 스트레스가 왕창 쌓이는 날에는 반찬 값 슬쩍 떼어 들고 나가서 탐나는 살림들도 좀 사들이고 그러십시오.

그렇게 가는 거지요, 뭐. 인생 뭐 있나요? 그렇게 하나둘 살림의 즐거움을 누리면서 살 수 있다면 그만인 거지요. 그렇게 착한 일탈도 없다면 우리가 대체 무슨 낙으로 평생토록 살림을 할 수 있겠습니까? 안 그런가요?

편집 팀 왕언니 씀

내 살림은

꽃에서

시작되었다

"꽃을 좀 배워야겠어."

내가 처음 그 말을 했을 때,

남편은 내 얼굴에서 꽃송이를 보았다고 했다.

일과 살림을 병행하며 조금은 지쳐 있던 내가

행복해지기 위한 통로를 찾았다는 것.

그 마음을 읽어준 것이다.

그날, 꽃을 찾아갔던 그 어느 날부터

지루하던 살림에 꽃물이 들었다.

꽃을 꽂고, 꽃을 키우면서

내 마음에도… 살림 꽃이 피어나기 시작했다.

작은 꽃 마당 하나 갖고 싶었던 내 꿈을 밝혀준 자리

My Home

Veranda
by red geranium

침실 베란다에 차린 온실 같은 화분 밭 하나

"마당 사~조~오! 마당 있는 지~입! 빨랑 마당이랑 땅이랑 사달란 말이~야~아!"
나는 남편 얼굴만 보면 코맹맹이 소리를 냈다. 그럴 때마다 남편은 집안 경제 사정 운운하며 사실적인 브리핑을 하곤 했고! 결국 내가 마당 대신 침실 베란다에 꽃밭 하나 만들어 보겠다고 울타리 치고, 화분 들이면서 흥이 나 있을 때 남편은 살짝 걱정스러운 얼굴이었다. 그래도 나는 고집을 꺾지 않았다. 기어코… 우리 부부의 침실은 꽃이 피고, 낙엽도 들고, 벌레도 들락날락하는 화분 밭이 되었다.

꽃을 배우기 시작한 것은 결혼 후 얼마 지나지 않아서였다.

10년째 모 패션 업체의 니트 디자이너로 일하느라

매일 파김치가 되어 집으로 돌아왔다가

다시 출근하기를 반복하는 생활.

디자이너라는 특성상 야근이 잦아서

도무지 개인적인 짬을 낼 수 없던 때였다.

그럼에도 불구하고 내겐 쌓여가는 스트레스를 풀 수 있는

돌파구가 필요했고,

그런 내 마음을 받아준 것이 다름 아닌 꽃이었다.

주말이 되면 플라워 아카데미로 꽃을 배우러 갔다.

몸은 고단했지만 마음은 꽃밭이었다.

푸른 잎, 열매, 수더분한 흙과 돌…
나는 보석보다 꽃이 더 좋다
마당 대신 화분 채워 만든 나의 꽃 놀이터

하고 싶은 일을 한다는 것이 이렇게 탐스러운 기쁨을 준다는 걸

처음 알았던 것 같다.

삭막하던 집 안에 하나둘 꽃이 늘어가기 시작한 것도 그때부터였다.

거실에, 침실에, 주방 식탁 위에, 현관에…

한 점씩 한 점씩 놓이던 꽃은 어느새 절정의 꽃밭을 이루기 시작했고,

베란다란 베란다는 모두 꽃으로 채워졌다. 꽃이 나의 보물이 된 것이다.

마당 있는 집에 살고 싶어서 엉덩이가 들썩거렸던 나는, 그 턱도 없는

고질병을 싹 털어낸 채 나만의 꽃 마당에서 마냥 신이 났다.

그렇게 3년여를 꽃과 더불어 살았다. 그사이, 직장을 그만두고 철퍼덕

집 안에 주저앉아 '마님'이 되었다. 블로그를 만들면서는 닉네임을

'띵굴마님'이라고 붙였다. '띵굴'은 얼굴이 동그랗다는 이유로 남편이

내게 붙여준 애칭. 그러니까 블로그 개설과 함께 나는

'띵굴마님'으로 살게 된 것이다.

내가 좋아하는 우리 집 보물, 꽃단지들

삼색제비꽃

캄파눌라+삼색제비꽃

수국

콩란

바질

무스카리   크리스마스로즈

천사의 눈물

**착한 꽃 '천사의 눈물'···
같은 식물로 다른 표정 만들기**

여린 잎으로 촘촘하게, 작은 숲을
이루고 있는 식물, 천사의 눈물. 같
은 식물도 어떤 용기에 어떻게 담
아서 키우는가에 따라 완전히 다
른 모습으로 변신한다. 작은 토분
에 소담하게 담아 키우는 것도 좋
고, 널찍한 용기 한쪽에 얌전히 심
은 뒤 자잘한 돌과 함께 데커레이
션해도 멋스럽다.

무스카리

캄파눌라

미키로즈

미니수선화+히야신스

나무 박스 속의 빨간 제라늄

탐스런 구근 히야신스를 키가 다른 투명 용기에 담아서 그룹 지어 놓으면 제법 근사한 풍경을 만들어 준다.

동글동글한 열매를 닮은 식물, 청옥 그리고 오로라.

고만고만한 요 녀석들을

오종종한 화분에 줄 세워 보기도 하고,

한데 심어 식구로 만들어 주기도 하면서

마치 소꿉놀이를 하는 것처럼…

나는 논다. 화초랑 함께 논다.

귀머거리에 벙어리 노릇하는 옛 며느리처럼,

흉허물 없이 내 말 다 들어주고, 그 말 절대 옮기는 법 없는,

속 깊고 싹싹한, 참 착한 아이들!

왼쪽부터 청옥, 오로라 그리고 푸미라.

양철 분에 심어 주었더니 연하디 연한 식물의 빛깔이

한결 화사해 보이는 것 같다.

하얀 블라우스를 입은 계집아이처럼….

마음 둘 데 없는 날, 마음 복잡한 날에도… 꽃놀이는 언제나 희희낙락 즐겁다.

1 손잡이가 플라스틱 소재인 모종삽과 플라워 포크(삼지창). 가볍고 실용적이다. 2 크고 작은 나무 박스는 다양하게 응용할 수 있는 참 착한 도구. 3 빈 깡통들을 따로 모아 두고 돌이나 흙을 담거나 화초도 심는다. 4 나뭇가지는 하나둘 모으거나 사서 묶어 두고, 나무토막도 잘 챙기고…. 5 사과 박스, 와인 박스 같은 것들을 쌓아 두면 가든용 소가구로 제격이다. 6 철망이 곁들여진 나무 박스는 꽃과 식물을 컨트리풍으로 업그레드해준다. 7 보고 들은 건 많아서… 하하! 멋스러운 멍석도 사다가 짝 깔아주고! 8 흙이나 나뭇잎들을 쓸어주기에 제격인 빳빳하고 콧대 높은 소형 싸리비.

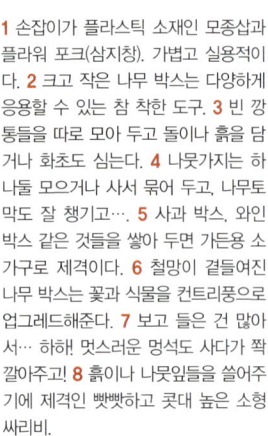

양철통, 토분, 나무상자, 철망…
그 어떤 것도 꽃보다 화려해서는 안 된다는 사실!

도구는 언제나 수수할수록 좋다

남자들이 꽃집에 가서 흔히 저지르는 실수란 이런 것.
돈 만원이면 충분히 살 수 있는 식물을
그보다 몇 배 더 비싼 화분에 심어서 사 들고 나오는 일이다.
누구누구 개업이라고, 누구네 부부 집들이 선물이라고….
화분이 필요한 날이면 십중팔구는 낭패 볼 선택을 하는 것이다.
그저 반듯하고 깨끗한 화분에 심어져 있었으면 좋았을 식물이
잘록한 호리병 디자인에, 금박 무늬에,
화려 찬란한 문양이 가미된 화분에 심어지는 바람에 그만!
고쟁이에 뾰족구두 신은 것 같은 모양새가 되어 버리니 말이다.
꽃을 배우고 나서 절실히 깨달은 한 가지가 바로 이런 것이다.
그 어떤 도구도 꽃보다 화려해서는 안 된다는 것.
수수하고 무난한 도구일수록 꽃의 가치를 높여 준다는 사실.
그래서 우리 집에 있는 꽃들은 모두 다 그저 네모반듯한 나무 상자이거나,
둥글둥글한 양철통이거나, 그도 아니면 무난한 토분 속에 심었다.
꽃모종이 심어진 플라스틱 화분을 그대로 써야 할 때는
잡지나 신문지 한 장 북 찢어서 감싸주거나
쓰고 남은 조각 천을 입혀 주는 것만으로도 충분하다.
그러니 굳이 값비싼 화분으로 멋을 낼 일이 뭐 있을까.
가느다란 나뭇가지 한 움큼 주워 면끈이나 마끈 둘둘 감아 보면
식물들 곁에서 장식 소품 역할을 하고,
꽃삽이며 쓰레받기 같은 아이들도 툭 던져 놓으면 그대로 멋이 나는 곳.
이런 게 바로 꽃나무 자라는 정원의 매력이 아닐까.
흙이 있는 너른 마당은 아니지만 기어이 갖은 흉내를 다 동원해 만든…
우리 집 꽃 마당은 나의 행복이 무럭무럭 자라나는 꿈의 공간이다.

| 단골 삼고 즐겨 찾는 도구&자재 숍 |

● 가드닝 박스, 양동이 토분 외
올리브키스
서울 서초구 반포동 19-4 경부선 3층
260호. T. 02-593-1538

● 가드닝 박스, 리본, 소품 외
현대리본
서울 서초구 반포동 19-4
경부선 3층 171호. T. 02-535-1122

● 베란다 바닥 매트, 리스 틀 외
광야의 태양
서울 서초구 반포동 19-4 경부선 3층
261호. T. 02-532-0307

● 말린 과일, 시나몬 스틱, 양철 소품
리틀하우스
서울 서초구 반포동 19-4 경부선 3층
312호. T. 02-536-4855

● 식물(허브 외) / **미리내농원**
경기도 과천 주암동 92-1
T. 02-507-1027

● 돌, 화분(토분) / **이레데코**
경기도 과천 주암동 화훼집하장 신동 6호
T. 02-503-6200

● 베란다 펜던트 램프
메가룩스
서울 중구 을지로 4가 310-5
T. 02-2265-6911/2
www.megalux.kr

물만 먹어도 자라는 수경식물 키우기

흙에서 자라는 식물도 좋지만, 물만 마시고도

쑥쑥 자라는 식물을 보는 일도 즐겁다.

물이든, 흙이든…

어디서든 이 녀석들이 자라고 있다는 것은 감동적이니까.

더위가 고개를 들기 시작할 무렵,

아이비 줄기 하나 물속에 담가 선반 위에 두었더니

어쩜! 마치 액자 한 점 새로 장만한 것 같은,

싱싱한 풍경들을 선물해 주었다.

말간 물속에서 피어나는 꽃과 잎,
　　태생도 이름도 저마다인 이 식물들을

'물나무'라고 부르자

1 2

1 엄마 생각하면서 해묵은 놋그릇을 물나무들이 사는 집으로 만들었다. 한가운데 진한 초록으로 탐스럽게 피어 있는 것은 물배추, 점점이 자줏빛을 띠는 것은 서양란의 하나인 반다. 그리고 연둣빛 작은 이파리들은 수국 꽃잎이다. 조금 작은 용기에 담아 여름 식탁 위에 슬그머니 올려두면 찬 없는 밥상도 한결 폼이 난다. 2 넉넉한 크기의 옹기그릇에 옥잠화와 물배추, 물채송화 시페루스를 심었다. 용기만 넉넉하다면 이렇게 다양한 종류의 식물들을 어우러지게 장식할 수 있다는 것이 수경식물을 키우는 즐거움 중 하나. 자갈 몇 개 곁들여 격식을 더했다.

엄마는 참 유난스러운 살림꾼이었다.

중간만 해도 될 일을 언제나 으뜸으로 해내는 분이었으니까.

특히 음식을 하고, 꽃을 가꾸는 일에 언제나 열심을 다하곤 하셨다.

그 어린 날, 충주의 작은 시골 마을에 병원을 개원하신 의사 아빠 덕분에

우리 가족은 병원 건물 2층의 살림집에서 살았더랬다.

마당은커녕, 팍팍하고 허름한 시멘트 건물 속에 살던 그 시절에도

엄마 덕분에 우리 집은 꽃 천지였다.

하기는… 엄마의 그 지극정성을 어떻게 말릴 수 있었을까.

그저 동네 어디에서 사도 될 꽃들을 언제나 서울까지 사러 가던 울 엄마.

"이 동네 꽃들 다 집합시켜 봤자 열 손가락 안쪽이면 고작이야"라고

볼멘소리를 내면서 서초동 꽃마을로 달려가던 엄마의 뒷모습이 아직도 기억난다.

3　4

3 동글동글, 크고 작은 잎들이 뭉쳐 있는 이 식물의 이름은 물동전, 그러니까 영어로는 워터코인이라고 부른다. 흙 속에서도, 물속에서도 잘 자라는 편. 하얀 용기에 찰랑찰랑 물을 채우고 띄워보니 제법 풍성한 느낌이 난다. 4 알록달록 사탕 같은 빛깔을 지닌 열대어가 사는 작은 어항. 물만으로는 왠지 심심한 어항 속에 오묘한 색의 물보라를 띄우고, 조가비며 소라껍데기 같은 것들을 채워주었더니 제법 멋이 느껴진다. 하지만… 이 물고기에게는 비밀이 있다. 다름 아닌 무늬만 물고기! 사실은 플라스틱 물고기라는 것. 식물의 멋을 살리기 위해 긴급 투입된 인형 물고기다. 하하!

그때, 꽃 좋아하는 엄마 덕분에 난생처음으로

물속에서 함박웃음을 짓고 있는 옥잠화를 보았었다.

꽃이랑 나무 같은 녀석들은 그저 흙 속에서나 자라는 것인 줄 알았던 내겐,

수경식물과의 첫 대면이 거짓말처럼 신기로웠다.

그래서 나는 요즘도 수경식물 몇 점, 늘 곁에 둔다.

그리곤 먼저 가신 엄마 생각이 날 때마다 그 물 안자락을 들여다본다.

곧 세상에게 하직 인사라도 고할 양 시들어가던 풀포기도

뿌리째 뽑아 물속에 가만히 넣어주면 다시 생기가 돌기도 한다는 것.

물 갈아주고, 마음 얹어주면 잘도 자라는 이 아이들을 물나무라고 부르기로 한다.

플라스틱 통 속에 담겨 있던,
참 허름하고 볼품없는 집을 가진…

히야신스에게 새집 만들어주기

김칫국물 묻어 있는 추레한 트레이닝복을 입고 있다가

외출복으로 갈아입고는 거울 앞에 섰을 때,

그럴 때마다 나는 생각한다.

사람은 가꿔야 돼. 입성이 중요해~!

뭐 대단히 값비싼 옷을 입고 폼 잴 필요는 없지만,

단정하고 예쁘게 갖춰 입는 건 행복한 권리니까.

왜? 나는 소중하니까!

꽃도 그렇다. 꼭 사람처럼 그렇다.

화분 가게에서 막 사들고 온 식물들이란

언제나 조금 가엾게 보이니까.

수경식물을 사면 찰랑찰랑 물이 담긴

플라스틱 집 속에 담겨 있다.

그 아이들에게 새집을 만들어주는 일은

정말 간단하다.

내 집 마련이 이렇게 쉽다면 얼마나 좋을까, 싶을 정도로.

돈 들여 용기를 구입할 필요도 없다.

버리는 유리병을 활용하면 되니까.

유리병에 옮겨 놓고 작은 크기의 나무 팻말이나

태그 등으로 이름을 적어 곁들여주면 몰라보게 예뻐진다.

1 빈 유리병과 자잘한 자갈들을 준비한다. **2** 유리병은 적당한 높이가 있는 것으로 고른다. 재활용 유리병이 제격. **3** 준비한 자갈을 유리병에 적당히 넣어 준다. **4** 자갈이 담긴 유리병에 뿌리가 잠길 정도로 물을 붓고, 히야신스를 넣는다.

그럼 어디 한번 해볼까?

참 기특한

나의

BOX GARDEN

"마당 있는 집에 살고 싶다고 투덜대면 뭘 하나,

내가 마당 하나 만들면 그만이지.

기어이 크고 투박한 나무 상자에 좋아하는 식물들

척척 담아 놓고서는 손을 탁탁 털면서

혼잣말을 했다.

이게 마당이 아니라고

말할 사람 있으면 나와 보라고 해… 라고!"

수
수
해
서
더
좋
은
이
끼
그
리
고
돌

나는 이끼와 돌을 좋아한다.

보슬보슬한 감촉의 이끼는

드난하지 않은 멋이 그 무엇과 짝을

이뤄도 제대로 궁합을 맞춰내고,

천지에 널려 있어서 그다지 귀할 것 없는

돌들은 하나씩 살펴보면 또 저마다의

매력이 다르기 때문이다. 하찮다고 여겼던

여기 이 두 아이를 조금만 더 사랑해

주기로 하자.

까까머리 사내 녀석의 동그란 머리 같은,
주인공 노릇 한 번 해보지 못하는 조연 같은…

이끼의 참멋에 눈을 뜨다

이끼가 더럽다고 생각했다. 아니, 징그럽다는 표현이 더 맞을까?

예쁜 구석이라고는 찾아볼 수 없이 축축하고 칙칙하니까.

음지 인생이라고 생각하며 밀쳐 두었던 것인지도 모르겠다.

어른이 되어서도 이끼가 뭐 그리 썩 관심 둘 대상은 아니있다.

그럴 일이 뭐 있나. 사느라 바쁜 세상에 이끼 따위에 관심을 둘 일이.

이끼가 좋아진 것은 꽃을 배우면서부터였다.

관심의 대상이 되어 보지 못하는 그 이끼가 알고 보면 어디에나 쓰인다는 것.

추운 겨울날의 솜이불처럼, 어디에든 그저 덮어만 주면 따뜻한 그림을 만든다는 것.

그런 이끼의 힘을 발견하게 된 까닭이다.

그래서 나는 이끼가 주인공이 되는 모습을 만들어 보고 싶어졌다.

꽃을 빛나게 하고, 식물을 폼 나게 만드는 만년 조연의 역할은 이제 그만!

순박한 토기나 옹기에 흙을 채우고 이끼를 소복하게 덮어

하나씩 하나씩 짝을 이뤄 주었더니… 오호! 꽃 부럽지 않게 멋진 그림이 탄생되었다.

어느 날, 서양란을 분갈이 하기 위해 넉넉한 크기의 용기에 담았다. 이제 바크 (나무껍질)만 채우면 끝. 그런데 이끼 생각이 났다. 폭신폭신하게 이끼를 덮어 주면 좋겠다는 생각!

서양란을 심은 뒤 바크를 꼼꼼히 채우고 푹신푹신한 이끼를 덮었다. 여기에 투박한 돌 하나 곁들여 주었더니… 양란의 품격이 높아졌다. 역시 이끼의 능력은 탁월하다.

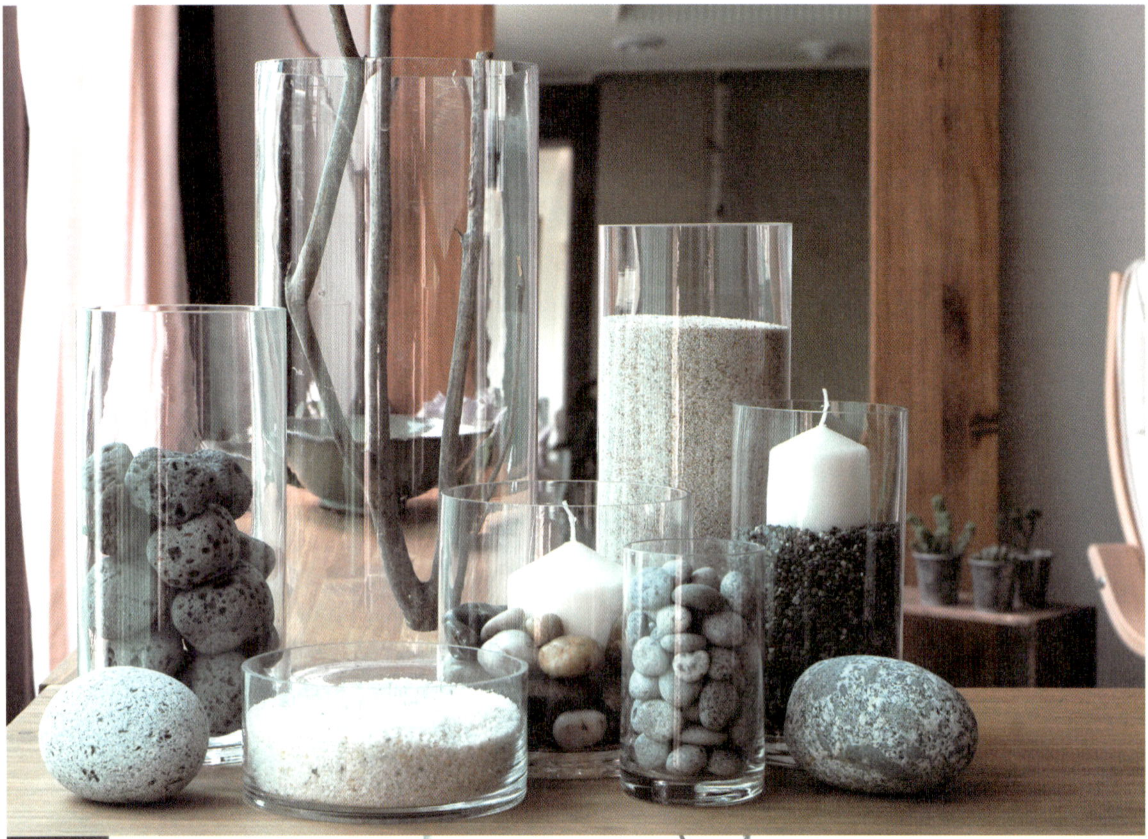

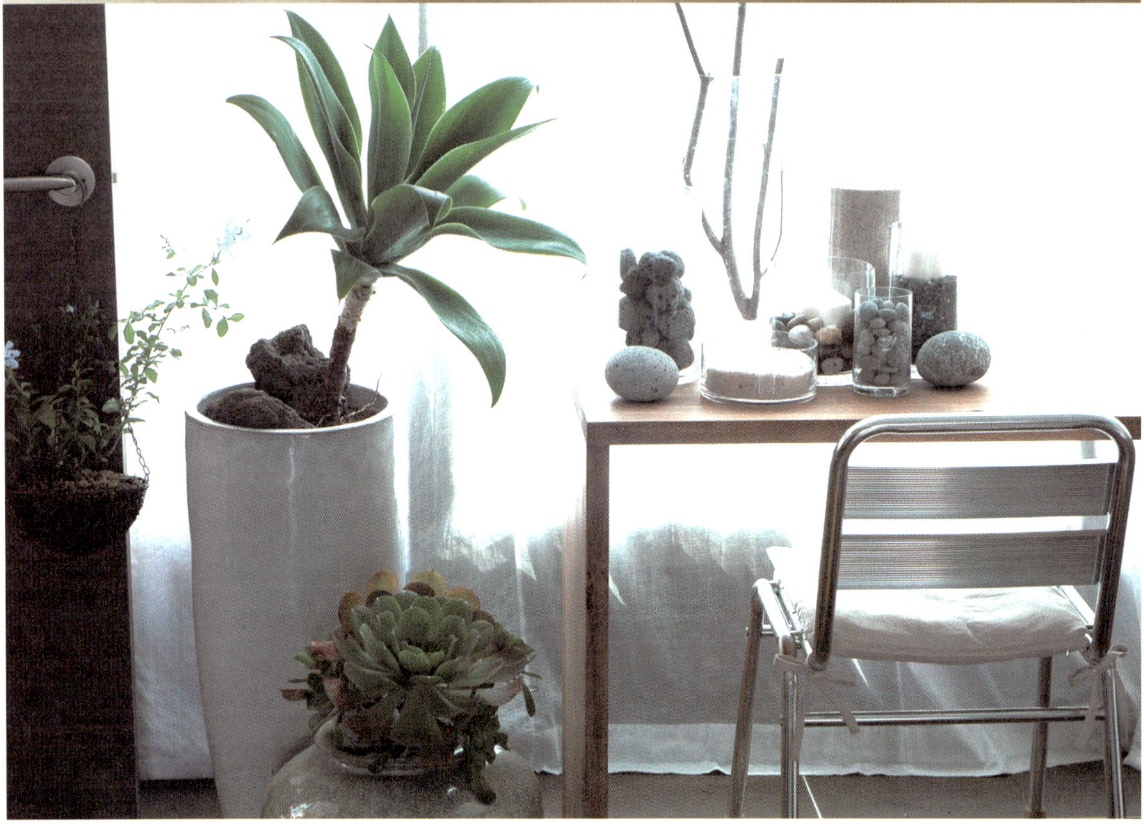

널찍한 이파리와 돌, 이끼 그리고 양초가 만나 색다른 테이블 세팅으로 완성되었다. 무더위로 푹푹 찌는 여름날에 특히 더 안성맞춤인 방법이 아닐까. 색깔만으로도, 감촉으로도 시원한 멋이 느껴지는 내추럴 감각 세팅 완성!

주먹만 한 것, 밤톨만 한 것, 깨알 같은 것들까지…
흙바닥을 뒹굴고 다니던 돌을 데려다 씻고 매만져주다

하찮고 볼품없던 돌의 재발견

어린 시절, 나에게 돌은 무기이거나 장난감이었다.

함부로 들이대는 사내 녀석들에게 대항하기 위해 길바닥의 돌을 집어 들면

그 돌은 그 순간부터 강력한 무기가 되었고,

공깃돌이 되거나 혹은 소꿉장난할 때의 식사거리가 되거나 하는 식의

장난감 노릇도 톡톡히 해주었던 게 바로 돌이다.

그때의 기억들이 아직도 마음 한쪽에 고스란히 남아 있는 것일까.

들로 산으로 싸돌아다니기 좋아하는 나는 어딜 가든 예쁜 돌을 고르느라 분주하다.

주머니 가득, 가방 가득 돌을 채워 넣고 집으로 돌아오면서 말한다.

'집 나갔다 들어올 때는 돌멩이라도 들고 오라고 하지 않았던가?'라고.

베란다 양동이 속에 자꾸 쌓여가던 그 돌들을 추리고 갈무리해서

나름대로의 감각으로 장식해 보기 시작했다.

서로 닮은 돌들을 선반 위에 가만히 올려 두기만 해도 멋이 나고,

투명한 유리 화병에 담아서 콘솔 위를 장식해 보아도 좋다.

책꽂이 없이 책을 꽂을 때는 북엔드 역할도 척척 해내고,

특별한 날, 테이블 세팅을 할 때 돌을 곁들이면 색다른 자연미를 느낄 수 있다.

알전구 불빛 아래…

베란다 가든의 천장에

꼬마 알전구가 달린

펜던트 하나 설치했다.

어린 날… 다락방 같다.

불빛 아래서는 모든 게

다 거짓말처럼 환하다.

볼품없는 빈자리에도

등불 하나 밝혀 보면

저절로 아늑해지니까.

찬 기운 돌던 베란다에

밤톨만 한 펜던트 하나

설치해 놓고 나서 나는,

자꾸만 창가를 서성인다.

참 좋다, 행복하다, 하면서.

리스의 기초, 나뭇가지 원형 틀

편백나무 조화 갈런드

호랑가시나무 조화 갈런드

낙엽송 갈런드

꽃이 건네는 축복… 리스 그리고 갈런드

14세기경, 신부들이 마른 꽃이나 잎, 벼 같은 것에
로맨틱한 레이스 리본을 곁들여 만든 화환을 들고
예식을 올린 것에서 유래되었다는 리스(Wreath).
동글동글한 모양의 리스와 뜻도 쓰임도 비슷하지만,
조금 다른 이름을 가진 갈런드(Garland)도 있다.
꽃길을 만들어 길게, 마치 모자나 지붕처럼 만드는
꽃 장식품이 바로 갈런드다.
리스나 갈런드에서는 참 묘하게도 낭만적인 냄새가 난다.
막 결혼하는 새내기 신부에게 축복을 건네기 위해
탄생되었다는… 그 유래 덕분인지도 모르겠다.
그다지 낭만적인 성향도 못 되면서 나는, 늘 이 아이들에게 반한다.
그래서 어지간한 재료만 있으면 리스 만들기에 빠져들거나.
시간만 주어진다면 흔한 꽃다발 대신 내 손으로 만든
리스나 갈런드를 선물하는 걸 좋아하는 편이다.
그렇게 하나둘 만들다 보니 우리 집은 리스 천지다.
하나씩 만들어 놓고는 이름도 붙여 주고 살 곳도 만들어 준다.
빈 벽에 붙이고, 현관문에 달아 주고, 창가에도 걸어 주고….
오래 두고 보아도 늘 한결같은 모습으로 반겨주는
이 소담한 아이들은 보석보다 값진 나의 보물이다.

목화+연밥+솔방울 리스

태산목 리스

연밥+솔방울 조화 리스

천일홍 리스

빨강 천일홍 리스

솔방울+시나몬 스틱+강아지풀 리스

수국 리스

종이꽃 리스

수국+유칼립투스+목화 리스

꽃과 잎, 열매, 과일 그리고 양초···
묵혀 두고 쌓아 둔 모든 것들이 재료가 되는···

우리 집은 리스 공작소다

처음에는 리스를 만드는 게 좋아서 하나둘 모아 둔 재료들인데
가짓수가 자꾸 늘어나다 보니 그 자체로도 썩 괜찮은 풍경이 되었다.
말린 옥수수와 슬라이스 오렌지, 호두 같은 음식들에서
솔방울, 종이꽃, 말린 꽃들과 미니 토분들···.
리스의 몸체가 되는 원형 나뭇가지 틀을 앙상한 가지에
걸어 두기만 했을 뿐인데도 또 그런대로 괜찮은 멋이 났다.
이런 풍경들을 보면서 생각했다.
이 모두가 자연의 선물이구나, 라고.

자연이 준 것들은 어떻게 짝짓고, 어떻게 엮어 주어도 다 멋지다.

한겨울, 새하얀 눈송이를 닮은
목화, 리스가 되다

그동안 내가 만든 가지각색의 리스 중에서
특히 인기몰이를 하고 있는 녀석이 바로 목화 리스다.
목화 리스에 꽂힌 이웃들은 이렇게 말한다.
화려하지는 않지만 기품 있는 멋이 매력적이라고.
솔방울과 연밥에 목화를 곁들여 만든 리스도 좋고,
마른 수국과 잎들로 장식한 바삭거리는 리스에도
목화를 더해 주니 단숨에 폭신한 느낌이다.

솔방울 베란다에 솔방울을 한 양동이 담아 두었다.
가을 산행에서 주워 온 것도 있고, 그 정도로는 성에 차지 않아서
구입한 것들도 있다. 솔방울은 리스 만들기에 딱 좋은 재료다.
한두 개만 꽂아 주어도 탐스럽고 풍성해지니까.
연밥 꽃 자체가 하나의 약 덩어리라고 할 수 있는 연꽃. 그 꽃의 열매가
연밥이다. 가슴이 두근두근할 때, 어지러울 때, 잠이 오지 않을 때
연밥이 제격이라는데… 어쨌든 이 똘똘한 열매는 리스 만들기에도
폼 나게 쓰인다.
목화 목화 열매가 곰삭아 익으면 포슬포슬 따뜻한 솜털이 나오기
시작하는데… 뭐랄까. 이 녀석은 그저 보고 있는 것만으로도
솜이불을 덮은 것처럼 훈훈하고 정겹다. 솔방울과 세트로 짝지어 주면
부부처럼 찰떡궁합이 된다.

솔솔, 솔내음이 나는 것 같아…
솔방울 리스

솔방울 데굴데굴 굴러다니는 솔방울. 조금 투박해 보이지만
이렇게 한데 모아서 리스로 만들어 놓으면 의외로 낭만적이다.
한 나무에 사는 가족이라 그런가 보다. 큼직큼직한 것들로 골라
리스 틀에 붙여 주었더니 탐스러운 느낌이 난다.
말린 강아지풀 강아지풀 뜯어다 낮잠 자는 동생 콧속에 넣고
살살 간질였던 기억이 있다. 상냥하게 보드라운 털이 달려 있는
강아지풀은 말려 놓아도 제법 유용하게 쓸 수 있다.
물론, 여기에 사용한 강아지풀은 꽃 도매시장에서 구입한 것이지만!
시나몬 스틱 사진에서 계피 냄새가 나는 것만 같은 착각!
물을 넣고 푹 끓여 마시는 수정과가 생각나게 하는 재료다.
시나몬 스틱을 마끈이나 라피아 같은 것으로 서너 개씩 묶어서
리스에 끼워 주면 은근히 운치 있는 풍경을 만든다.

솔방울 미니 리스 만들기

1 재료를 준비한다. 처음 도전하는 초보라면 너무 부담스러운 크기보다 손바
닥만 한 미니 리스가 좋다. 꽃 도매시장에 가면 재료는 쉽게 구할 수 있다. 리스
틀, 솔방울, 라피아 그리고 글루건이 재료의 전부다. 2 준비한 솔방울을 리스
틀에 부착하기 위해 글루건을 준비한 뒤 솔방울 한쪽에 쏘아준다. 글루건이 없
을 때는 강력 본드를 사용해도 무방하지만 손에 쩍쩍 달라붙을 위험이 있으니
조심 또 조심할 것. 3 글루건을 쏘아 준 뒤 바로 붙이지 말고, 조금만 기다려서
살짝 꾸덕꾸덕해졌을 때 리스 틀에 부착한다. 본드로 붙일 때도 역시 마찬가
지. 4 하나 또 하나. 글루건으로 솔방울을 붙이기만 하면 완성. 작은 리스는 10
개 정도의 솔방울만 부착해도 금세 완성되므로 지루할 틈도 없다. 5 짜잔! 완성
된 솔방울 미니 리스. 거뭇거뭇한 녀석들이 집단으로 모여 있어 어쩐지 칙칙한
느낌이 드는 것을 방지하기 위해 아이보리 컬러의 라피아로 리본을 만들어 달
아 주었더니 괜찮다. 썩 괜찮아졌다. 6 크기는 작아도 직접 만든 정성이 있으니
선물용으로도 손색없다. 나는 성탄절에 이렇게 만든 리스를 여러 이웃들에게
선물했는데 민망할 정도로 엄청난 인사를 받았다. 역시 수제 선물을 따를 것은
없는가 보다. 투명한 비닐에 넣어 트리 장식을 살짝 곁들인 포장을 했더니 명
품도 부럽지 않았다.

리스를 만들 때마다 생각한다.
리스는 여자를 닮았구나, 라고.
같은 재료라고 해도 이것저것 화장하듯
색을 입히거나 보태주면
그때그때 전혀 다른 얼굴이 되니 말이다.
리스에다 리본 달아 주고,
말린 과일도 끼워 넣고 하면서
혼자서 또 중얼중얼해 본다.
여자는 꾸며야 해, 꾸미고 살아야 해….
예쁜 것을 보고, 만들고, 즐기는 일은 참 좋다.
예뻐지는 것도 좋다.
성탄절 무렵, 소나무와 솔방울을 비롯해
연밥이며 말린 과일,
시나몬 스틱 등 온갖 재료들 총출동시켜서
만든 리스 하나. 큼지막한 리본까지 달아 주었더니
분위기가 제대로 살아났다.
재료도 없고, 솜씨도 없다면 소나무를
가지째로 길게 잡아서
한가운데를 리본으로 묶어 완성하는
갈런드 하나로도 쓸 만하다.

공주처럼 리본 달고 폼 재게 만들어준
연밥 솔방울 리스

한 가지 꽃으로 하나씩, 하나씩…
천일홍 미니 리스

'영원히 변하지 않는다'는 꽃말을 가진 매혹적인 꽃, 천일홍.
동글동글 앙증맞은 이 야생화는 언제 보아도 사랑스럽다.
꽃의 빛깔이 천 일 동안이나 변하지 않고 살아 있다고 하여
천일홍이라는 이름을 붙여 주었다니… 변치 않는다는 꽃말과
잘 들어맞는 이름이 아닐까.
천일홍은 드라이플라워로도 많이 쓰이는 편.
말린 천일홍으로 리스를 만들어 보는 것도 즐겁다.
다른 재료를 섞지 않아도, 그저 리본 하나 달아 주면
꽃 자체의 사랑스러운 느낌이 살아나는 대견한 녀석이다.
이렇게 다른 재료를 전혀 섞지 않고,
단품으로 만드는 리스는 쉽고 또 심플해서
초보자라도 거뜬히 만들 수 있으니 지금 당장 도전해 보시길!

천일홍 미니 리스 만들기

1 말린 천일홍을 구입하거나 직접 말려서 사용한다. 거꾸로 매달아
두거나 물을 넣지 않은 화병에 넣어 말리는 것도 방법이다. 2 잘 마
른 천일홍의 가지와 꽃을 분리해서 꽃만 따로 떼어 모아 놓는다. 3
꽃 뒤쪽에 글루건을 쏘아 살짝 마르면 리스 틀에 붙인다. 4 완성된
천일홍 미니 리스. 아무것도 보태지 않고, 다른 색의 꽃도 더하지
않고 한 가지 꽃, 한 가지 색으로만 완성했더니 오히려 소담하고 차
분한 아름다움이 느껴진다.

빨간 천일홍을 말려서 만든 리스는 성탄 장식으로 제격이다.
빨간 털실을 리본 모양으로 묶어서 장식했더니…
귀여운 빨강둥이가 되었다.

아파트 광장에서 주워온 열매들의 활약
노각나무 리스 만들기

시골 아파트에 살아서 좋은 건 대문만 나서면
호사스러운 자연이 있다는 거다.
호시탐탐 어디 뭐 좋은 거 없나, 하고 두리번거리는
내게 노각나무 열매들이 눈에 들어왔다.
뾰족뾰족, 사납게 생긴 작은 열매들이 길바닥에 주르르.
게다가 빨간 산사과 열매 같은 녀석들도
덤으로 널려 있어서 냉큼 쓸어담았다.
나는 그 아이들을 치마폭에 한 움큼 안고 들어와
작은 크기의 리스 틀에 붙이기 시작했다.
글루건으로 하나씩 촘촘하게 붙여주었더니
딱 20분 만에 리스 하나가 완성되었다.
리스 틀에 노각나무 열매를 채운 뒤
군데군데 빨간 열매까지 곁들여주니
제법 쓸 만한 아이가 되었다.

포슬포슬 풍성해진 말린 수국의 색다른 멋
수국 리스가 좋아!

나는 수국이 참 좋다.
작은 꽃잎들이 모여서
한 몸으로 큰 송이가 되는 게
얼마나 대견한지 모르겠다.
그 수국을 거꾸로 걸어서 잘 말리면
생화와는 또 다른 멋이 느껴진다.
그 꽃잎을 몇 가지씩
잘 갈무리해서 떼어다가 리스 틀에 붙여 보았다.
역시 붙일 때는 글루건을 사용하면
찰싹찰싹 붙어준다.
고재로 만든 선반 위에 척 얹어주니…
흠! 이건 내가 매우 좋아하는 분위기!
마른 꽃과 나무가 만나 한 가족이 되었다.

연근 사다가 얇게 저며 말렸다!
먹는 것보다 더 맛있는 연근 리스

오렌지, 사과, 배, 당근…
과일이나 채소나, 열매로 된 것들은
싱싱할 때만 탐스러운 게 아닌 것 같다.
얄팍하게 슬라이스해서 말려 놓으면
또 이상한 운치가 느껴지니 말이다.
연근조림 해 먹으려고 두툼한 통연근 몇 덩이 사서
저며 썰다가 반짝, 아이디어 하나가 떠올랐다.
말려서 리스 만들어야겠다!
얄팍하게 썰어서 끓는 소금물에 넣어 살짝 데친 뒤
채반 위에 펼쳐 놓고 베란다에 몇 날 며칠 고이 모셔 두었더니
꾸덕꾸덕 보기 좋게 잘 말랐다.
그렇게 말린 연근을 몇 개씩 무리 지어 붙여서
리스 틀에 글루건으로 붙이기 시작했다.
역시 멋지다!
낙엽송과 노각나무 열매를 콩팥콩팥 섞어가며
폼 나게 붙여서 완성했다.

눈송이처럼 폴폴 날릴 것만 같은… 코아니 부케.

그리고 나의 마지막 꽃 이야기
다시 태어나는 여자를 위한 웨딩 부케

꽃을 배운 뒤, 한동안 꽃에 미쳐 살았다.
아니 실은 지금도 미쳐 있다.
'미쳤다'라고 말하는 것이 과하지는 않은 것 같다.
'빠졌다'라거나 '반했다'라고도 할 수 있겠지만…
아무래도 나의 상태는 그 정도로 설명하기에는
어쩐지 좀 부족한 것 같으니까.
꽃을 보고, 나무를 보면 벌써 입가에 음흉한 웃음이 고이면서
빨리 내 집으로 가져가야지, 욕심이 나는 걸 어쩌랴.
그런 욕심으로 도전해 본 작업 중에 부케도 있다.
결혼하는 지인들에게 꽤 여러 차례 만들어주기도 했던
나름의 경력이 있기도 하다.
부케를 만들 때는 겸허하고 겸손한 마음이 된다.
다시 태어나는 여자를 위한 꽃이니까.
다시 시작하는 두 사람을 위한 진실한 꽃이니까.
마치 기도라도 올리듯 경건하게 만들었던 나의 부케들.
이 아이들에게 다시 한 번 축복을 건네면서
꽃 이야기를 접을까 한다.

신부의 머리 위에 얹힌 꽃 장식은 신비스럽고도 아름다운 자태를 풍긴
다. 또 언제 이렇게 머리에 꽃을 올려 볼까. 그저 이 순간을 기억하면
서 사는 것일 테지. 꽃처럼 아름답던 순간을….

1 연분홍, 수줍은 신부처럼… 히야신스 부케. **2** 너무 과하지 않아서 더 좋은 튤립 부케.
3 아네모네, 라넌큘러스, 거베라와 담쟁이 열매… 믹스 매치 부케. **4** 정갈하고 단아한 느낌, 카라 부케.
5 예비 신랑의 품에 안긴 튤립 부케를 찰칵!

언제나 이 순간처럼, 신혼의 꽃처럼…

행 복 하 세 요 !

전셋집에 살아본 사람들은 안다.

마음껏 꾸미고 싶어도 그럴 수 없는 섭섭한 마음을.

그저 몇 년, 잠시 빌려 타고 가는

자동차 같은 거라고 느껴지니 그렇다.

나는 그 대신 늘 생각하고, 또 꿈을 꾼다.

내 손으로 집을 짓겠다고.

그러니까 우리 부부의 최종 목표는

마당이 딸린 예쁘고 소담한 집을 짓는 일.

그렇게 꿈만 꾸던 내가 언젠가부터 전셋집을 단장하기 시작했다.

맥없이 앉아서 '이다음'만 꿈꾸고 싶지 않아서다.

나에게는 지금이 중요하니까.

지금 내가 몸담고, 정주고, 부대끼면서

하루하루 살아가는 공간이라고 생각하면

전셋집이지만 저절로 애착이 생긴다.

꼭 큰돈을 들여야만 집을 단장할 수 있는 건 아니라는 걸,

여기, 전셋집에 살면서 배웠다.

쓸고, 닦고, 보태주고, 예쁘다 쓰다듬어주면서 공들이고 있는

나의 전셋집 꾸밈 이야기를 털어놓는다.

왜냐하면 전셋집에 사는 누군가의 마음도 나처럼…

꼭 그런 마음일 거라는 걸 잘 알기 때문이다.

전셋집이지만 곱게 가꾸면서 살고 싶은, 그 마음 말이다.

나는
전셋집에
산다

시골이면 어때?
전셋집이면 또 어때?
띵굴띵굴, 알콩달콩!
그거 말고 더 바랄 게 있겠어?

나의 전셋집 이야기

"우리 이다음에 시골 가서 살자."

시골 학교에서 만나 흙길을 뛰어다니며 놀았던

초등학교 동창생이라 그럴까?

남편과 나는 복잡한 서울 한가운데 사는 동안,

틈만 나면 그런 말을 했었다.

시골에 무슨 금 돼지, 돈다발이라도 파묻어둔 사람들 모양

시골, 시골, 아! 시골 타령이라니!

우리 부부는 실제로 지리산 구석구석을 뒤지고 다니기도 했다.

집 지을 땅을 찾아보려고.

그런데 대체 지리산에서 남편 회사가 있는 강남 한복판까지

어떻게 출퇴근을 하겠다는 거지? 흠…!

어쨌든 그러그러하여 우리는 서울을 떠나 여기, 짝퉁 시골로 오게 되었다.

서울도 아니고, 시골도 아닌 짝퉁 시골.

서울인 듯도 하고, 시골인 듯도 한 그런 곳.

외곽이라 집값도 착하시고, 평수 대비 뻥뻥 뚫린 시원한 아파트다.

다른 공사는 아무것도 안 하고 페인트칠만 했다.

그래야 내 집 같은 기분이 들 것 같아서 큰맘 먹고 주머니를 열었다.

친환경 페인트를 칠해서 역한 냄새 하나 없이 분단장한 럭셔리(?) 전셋집에

남편이랑 둘이 대(大)자로 누워 뒹굴거리면서 말했었다.

"조~오타! 새집도 좋고, 헌 남편도 좋고… 대~박!"

몇 년이 될지는 모르지만 사는 동안 내내

쓸고 닦고, 꽃 심고, 철철이 패브릭 바꿔주면서 그렇게 살 참이다.

"전셋집이라고 사는 사람까지 빌려다 놓은 건 아니니까.

사는 동안은 당당히 주인 행세하고 싶어서 벽지 위에 페인팅을 했다.

그것도 최고급 친환경 페인트로 냄새 하나 없이 럭셔리하게!

인건비까지 딱 80만원. 그 돈은 하나도 아깝지 않았다."

친환경 페인트 중에 미
국산 '던 에드워드' 제품
으로 결정!

기존의 칙칙한 무늬 벽지가 보기 싫어서 방 2개와 거실
그리고 주방에 친환경 페인트를 바르기로 결정했다.

조명 때문에 핑크 톤으로 보이지만 사실은 흰색 벽면이다. 차분한 톤의 블루와 화
이트, 두 가지 색상으로 페인팅을 했더니 이제 정말 '내 집' 같다. 화이트 컬러 페인
트는 '던 에드워드' DEW 340, 블루 컬러는 DE 6318. 이 페인트는 온라인과 오프라
인 숍을 다 가지고 있는 '나무와사람들(www.jeswood.com)' 쇼핑몰에서 구입했다.

'텐바이텐'에서 구입한
귀여운 이름표. 도기 소
재라 고급스러운 느낌
이 난다. 욕실, 베드룸,
드레스룸… 방방마다
이름표 하나씩 붙여주
는 재미!

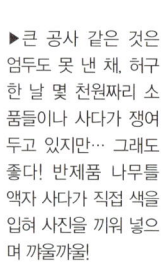

▶큰 공사 같은 것은
엄두도 못 낸 채, 허구
한 날 몇 천원짜리 소
품들이나 사다가 쟁여
두고 있지만… 그래도
좋다! 반제품 나무틀
액자 사다가 직접 색을
입혀 사진을 끼워 넣으
며 까울까울!

▼부인 잘(?) 둔 덕분에 툭하면 가구 조립하고, 나무 심고, 집 안 꾸미는 내 남편의
솜씨라니. 덕분에 멋진 미니 서랍장이 뚝딱 완성되었다.

역시 반제품으로 이미 다 커팅되어 쉽
게 만들 수 있도록 짝이 맞춰진 DIY 가
구를 완제품보다 싸게 구입했다.

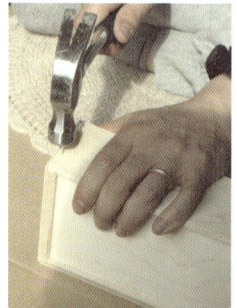
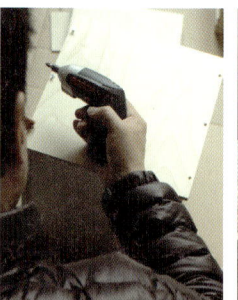

집을 꾸미는 데 꼭 필요한 것은 돈이다.

그래… 돈이 필요하다. 그래야 번듯한 집이 완성된다. 모르는 바 아니다.

그러면서도 나는, 가진 것도 별로 없으면서 나는,

감히 전셋집을 꾸며보겠다고 두 팔을 걷어붙인 것이다.

그렇다고 뭐 대단한 공사를 했다거나 그런 것도 아니면서 약간의 엄살을 부리고 있는 거다.

집 꾸밈이라고 해 놓고 너무 아무것도 없으면 민망하니까,

시작부터 독자들을 향해 약장수처럼 약을 치고 있는 중이다. 죄송하게도!

어쨌든 경기도 남양주에 있는, 개천을 지나고 들판을 지나서 만나는 아파트로 이사를 했다.

남편과 나 그리고 나의 남동생까지 셋서서 살 집이다.

다른 건 몰라도 도배나 페인팅은 기필코 할 참이었다.

참을 수 없는 꽃무늬와 사방 연속무늬 벽지들이 천지에 붙어 있어서

골치가 아플 지경이었으니까. 도배 견적이랑 페인트 견적을 뽑아 본 뒤

페인팅을 하기로 결정했다. 내가 원하는 색깔을 마음껏 칠할 수

있으니 두말할 나위가 없었다. 대신 새집 증후군 같은 문제를 고려해서

친환경 페인트를 골랐다. 우리 집 꾸밈 중에서 가장 럭셔리한 선택이다.

그런데 잘했다는 생각이 든다. 색깔 좋고, 냄새도 하나 없으니 대만족이다.

나머지는… 한 게 없다. 더 이상 공사라고 지칭할 무엇이 하나도 없다.

이제부터는 그저 있는 가구 재배치하고, 있는 소품 손봐서 걸어주고,

그저 그런 정도에 불과하니까. 패브릭 살림들이 필요하기는 하지만

그건 시급한 과제는 아니라서 차근차근 준비했다.

그러니 시작은 매우 간소하게, 마치 결혼하던 그때처럼 실속형으로 맞춘 셈이다.

그리고 보니 남편과 나는 실속파 부부다.

물론 태생이 실속파는 아니다. 때가 되면 우리도 번듯하게, 제대로 살아볼 참이니까.

나도 언젠가는 정말, 마당 있는 시골 집 가꾸면서 마님처럼 떵떵거릴 거니까!

페인트를 칠했다!
소가구들을 만들었다!
그리고 1~2만원이면 충분한
장식 소품들을 샀다!

헐값으로 시작한 전셋집 단장 이야기

Living Room

돈 아깝지 않은 전셋집 꾸밈의 비법,
언제라도 지고 갈 수 있는
가구와 소품에 힘주기

여기는 우리 부부 놀이터, 거실

우리 집 거실은 운동장이다. 이사 올 때부터 개조 공사를 해 놓은 듯
거실에 베란다가 따로 없이 탁 트여진 구조였으니까.
어쨌든 아쉬운 게 참 많았다. 왜냐하면 하고 싶은 대로
다 할 수 없었으니 그렇다.
바닥, 방문, 싱크대, 붙박이장… 내 집이 아니어서 바꿔 볼 엄두 같은 건
낼 수 없었던 온갖 내장재의 칙칙한 색깔이며 소재 같은 것들이
눈엣가시처럼 걸려 있었다. 그러나 어쩌랴.
그 가시를 빼내려다가는 기둥뿌리가 흔들릴 걸!
그래서 두 눈 질끈 감기로 했다. 싫은 건 안 보기로. 좋은 것만 보기로.
대신 다른 살림에다 한풀이를 했다. 이사 갈 때 훌훌 싸들고 갈 수 있는
가구나 소품, 패브릭 같은 것들에 힘을 주는 일이다.
그런 아이들에게 돈을 쓰는 일은 그다지 아깝지 않으니까.
'헌집 다오, 새집 줄게' 하면서
남 좋은 일 시킬 까닭이 없는 내 살림들이니 말이다.
그렇다고 꾸역꾸역 호화 살림살이 사들일 처지도 아닌 데다,
나는 워낙 화려한 것보다 소담하고 내추럴한 멋을 좋아하는 성향이라
가구는 온통 실속 그 자체로만 구비했다.
소파와 테이블, 키 작은 거실장과 간이 책상이 있는 거실.
이 공간에서도 소파 하나만 제외하고는 모두가 다용도 가구다.
코에 걸면 코걸이, 귀에 걸면 귀고리가 되는
ㄷ자 형태의 가구들만 따로 주문 제작했으니까.
그러니 사실, 소파 테이블이 평상형 침대가 되거나
간이 책상이 식탁으로 변신하는 것도 시간문제다.
마음만 먹으면 언제라도 뒤바꿀 수 있는 변신형 가구들이야말로
우리 집 꾸밈의 핵심인 셈이다.

소파 나는 욕심쟁이다. 눈이 밝아서 예쁜 살림 그냥 지나치지 못하고, 귀가 얇아서 좋다는 건 다 사고 싶은 여자니까. 그러니까 원대로 다 하자면 살림계의 이멜다가 될 수도 있을 거다. 그 마음을 대신하기 위해 언제나 변신 가능한 가구들을 고른다. 소파도 역시 그렇다. 커버를 손쉽게 교체해 분위기를 바꿔줄 수 있는 실속파 가구. '이케아'에서 구입했다. 아쉬운 대로 철철이 쿠션 커버를 바꿔 새로운 분위기를 만들곤 한다.

암 체어 없어도 되지만 있으면 편하게 사용할 수 있는 암 체어. 특히 남편이 좋아하는 아이템이다. 하루 종일 지친 두 다리를 척 얹어 놓고 TV를 보거나, 과일을 먹거나, 책을 읽으면서 얼마나 편안해하는지…. 싫증 나면 패브릭 커버만 바꿔주면 되니 더할 나위 없이 실용적이다. 품이 넉넉한 이 의자는 '이케아'에서 구입.

리스 눈 닿는 곳마다 놓인 소품 중 하나가 다름 아닌 리스다. 돈을 주고 사려면 제법 비용이 들지만 마음먹고 만들면 절반도 안 되는 비용으로 내 것을 만들 수 있다. 꽃을 배운 것이 더없이 고마운 이유 중의 하나도 핸드메이드 리스에 자신이 붙었다는 것, 바로 이 때문이다. 여기 이 대문짝만 한 태산목 리스도 한 잎, 한 잎 이태리 장인 같은 마음으로 손수 완성한 '띵굴마님표' 핸드메이드니까. 하하!

거실장 우리 집에 있는 대부분의 가구들은 목공소에서 제작한 무념무상의 박스 형태. 여기, 이 전셋집으로 이사하면서 소가구들을 모두 홍대 앞에 있는 '우리 홍익가구나라'라는 목공소에서 주문 제작했다. 거실장 역시 디자인과 사이즈를 정하고, 목공소에 찾아가 나무를 골라 만든 것. 가구들을 모두 한꺼번에 주문한 터라, 개별 가격은 정확하지 않지만 대략 55만원 정도의 비용이 들었던 것 같다.

베란다 테이블과 의자 창이 넓은 거실. 이 자리를 그대로 비워 둘 수는 없었다. 뭐, 그렇다고 해서 창을 열면 우거진 숲이 등장한다거나 바다가 펼쳐지는 것은 아니고… 아파트 앞동 건물이 보이는 정도지만… 그런들 어떠하랴. 역시 목공소에서 만든 제품으로 ㄷ자 형태의 테이블 2개를 제작해서 나란히 붙여 놓았는데 개당 25만원 정도의 비용이 들었다. 의자는 강남 고속버스터미널 3층의 조화시장 쪽에 있는 '올리브키스'라는 소품 매장에서 구입했다.

소파 테이블과 매트 좁은 집의 경우에는 소파 테이블 같은 것은 생략하고 사는 게 좋겠지만 사실, 우리 집은 거실이 유난히 넓게 빠진 구조인 데다 살림이 그리 많지 않은 편이라 소파 테이블을 놓기로 했다. 기존의 제품들은 지나치게 장식이 많거나, 유리와 철제 같은 차가운 소재이거나, 마음에 들면 가격이 너무 비싸 담담한 직선 형태의 원목으로 맞춤 제작했다. 언제 어떻게 용도가 바뀔지 알 수 없는 까닭에 쌍둥이 테이블로 2개를 제작해 붙여 놓았다. 세트에 40만원 정도의 비용이 들었던 것 같다. 테이블 밑에 깔아 놓은 널찍한 매트는 '데이지하우스(www.e-daisyhouse.co.kr)'라는 온라인 소품 매장에서 구입한 것.

전신 거울 우리 집을 찾는 손님들마다 탐을 내는 것이 바로 이 거울이다. 사실 거울을 보기 위해서라기보다 '왠지 있어 보이는 공간'으로 꾸미고 싶어서 만들었다. 목공소에서 대략 40만원의 비용을 들여 만들었는데 사실, 제작 비용 대비 발품을 많이 팔았던 편이다. 나무에 칠하는 마감재 중에 우드 스테인이라는 게 있는데 마음에 드는 색상을 고르기 위해 직접 우드 스테인 공장을 찾아다니면서 색을 칠해 보는 난리 법석을 떤 뒤에 목공소에 가져다주었다. 아휴, 뭘 그렇게까지. 띵굴마님은 참 유난스럽기도 하지!!!!

시어머님께 선물로 받은 낡은 찬장을 거실 한쪽 코너에

신주 단지처럼 모셔 두었다. 어떤 날은 그릇을 쟁였다가,

마음이 바뀌면 조각 천을 넣어 두기도 하면서

소꿉놀이를 하듯 그렇게, 내가 좋아하는 물건들만 뽑아서 진열한다.

아! 언젠가는 어머님이 쓰셨듯이 그렇게 찬장으로도 써 볼 참이다.

시부모님의 과수원에 갔다가 이 투박한 사과나무 둥치를 발견한 순간, 띠용~ 두 눈이
튀어나올 뻔했다. 입가에 침 고랑이 생길 뻔했으니까! 그래서 보자마자 뒤도 안 돌아보고
냅다 들고 와 버렸다. 처음에는 가볍게 벌어져 있던 옆면의 틈이
시간이 지날수록 점점 더 자연스럽게 벌어져서 이렇게 구두 주걱 같은 것을 쿡,
박아 놓기에 제격이다. 저절로 구두 주걱의 집이 되어버린 아이다.

낡은 것, 해묵은 느낌이 이토록 좋은 건 어떤 연유일까. 역시 시대 창고에서 훔치듯 빼내 온 나무 걸상 하나, 현관에 놓고 잘 쓴다.
특히 부츠 같은 걸 신고 벗을 때 여기 앉아서… 정말 딱이다.

당신을 닮아 손이 크다고,
타박인 듯 사랑해 주시는 품이 큰 어른

무명 보자기 같은 시어머니 이야기

나는 과수원집 며느리다. 연로하신 나의 두 분 시부모님은
충주 어디쯤의 착한 땅 몇 마지기를 품고 아직도 등이 휘도록 일을 하신다.
배나무, 사과나무, 자두나무, 포도나무, 감나무.
철마다 그 나무에서 자란 튼실한 열매들로
귀한 자식 먹이고, 입히고, 공부시키며 땅을 일구듯 채우신 인생.
나는 그 어른들의 흙을 닮은 웃음과 넉넉한 품이 참 좋다.
너무 일찍 내 엄마 아빠와 작별했던 나에게는
두 분 어른이 아버지이고, 또 어머니이기도 하니까.
사실 내가 시댁에 가는 날은 '봉 잡는' 날이다.
냉장고가 미어터지도록 이고 지고 오는 과일들이야 그렇다 치고,
어머님의 부엌을 호시탐탐 뒤지면서
"저, 주세요. 네?" 졸라댈 옛 살림들을 찾게 되니 말이다.
형제 많은 집으로 시집 와서 막내 도련님을 젖 먹여 키우셨다는 어머니는
끼니마다 수십 명이 먹을 가마솥 밥을 해내면서도
식구들 맛나게 먹는 모양에 시름을 잊었다는 무명 보자기 같은 어른이다.
"너는 왜 씀씀이까지 나를 닮았니? 지난번에 네가 끓여 놓고 간 동태찌개는
동네가 다 먹어도 남을 판이라 몇날 며칠을 내가 다 먹었다, 애."
나는 안다. 손 큰 며느리 타박하시는 음성 속에 사랑이 듬뿍 녹아 있다는 걸.
어머니도 좋고, 어머니의 살림살이도 좋다.
살림들마다 스며들어 있는 해묵은 맛이 좋기도 하지만,
거기에 어머니의 인생이 녹아 있어서 더 그렇다.
실은 얼마 전에도 어머님의 장독대 한켠에서 동그란 나무 뚜껑을 발견하고는
날름, 집어왔다. 내 어머님을 닮은 그 순박한 모양이 하도 고와서.
이렇게 베란다의 양동이 위에 척 덮어 두었더니 보기만 해도 기분이 좋아진다.
"어머니! 다음번에 내려가면 하나 더 주세요. 네?"

침대와 옷장, 꽃피는 베란다,
그리고 사랑하는 마음 두 짝 보태어 꾸민

진실하고 소박한 침실

고백하자면 우리 집 침실에는 정말 별게 없다. 침대 있고, 옷장 있고, 서랍장이 있다.
그 가구들은 전부 결혼할 때 한샘인테리어에서 구입한 것들이다. 꾸밈이라면 그저 가구를
제자리에 놓은 것? 그 정도가 전부다. 그!래!서! 바로 그런 문제점을 극복하기 위해
나로서는 대단히 머리를 짜낸 것이 바로 베란다 정원 만들기 프로젝트였다.
거실에 베란다가 없으니 침실 베란다를 활용할 수밖에.
빈 베란다에 사시사철 꽃을 피워서 남편을 유혹(?)하려는 속셈이랄까.
결과적으로 그것은 참 똘똘한 선택이었다. 별 볼일 없는 작은 공간에 마당이 곁들여지니
꽃 냄새로 아침을 맞고, 꽃 빛깔에 젖어 잠이 들 수 있게 되었다.
비싼 그림 사다 걸었던들, 혹은 값비싼 가구로 치장했던들 이렇게 생생하게 행복했을까.
침실은 그저 하루를 마감하기에 부족함이 없는, 그렇게 편안한 공간이었으면 좋겠다.
가식 없이 수수한 사랑으로 평생을 서로 보듬고 아껴주는 마음. 그 마음을 닮은 공간 말이다.
반찬 냄새 좀 풍기며 누워도 부끄럽지 않을 만큼 수수한 침실로 꾸미면서
나는 그렇게 내 마음을 바로 세웠다. 그렇게 살자고. 잘 빨아 말린 하얀 이불이 있고,
꽃피는 모습을 함께 볼 수 있는 이 진실한 공간처럼 남편과 나, 그렇게 늙어 가자고.

Bed Room

고재 선반 침대 헤드보드를 떼어내고 보니 그 자리가 살짝 허전하게 느껴진 게 사실이다. 액자를 걸어 봐도 성에 차지 않고, 내가 좋아하는 리스를 걸어도 그저 그랬다. 그 마음을 숨긴 채 완전히 만족하는 척하고 지내다가 어느 날, 기어이 투박한 고재 선반을 찾아냈다. 한옥의 대들보로 사용하던 나무라는데 한눈에 반해서 업고 왔다. 폭이 좁아서 머리 부딪칠 걱정도 없고, 간단한 소품 몇 개만 올려도 짱짱한 멋이 난다.

침대 처음 한샘인테리어에서 이 침대를 구입했을 때는 하얀 헤드보드가 있었다. 몇 년을 아무 불만 없이 잘 쓰다가 어느 날 갑자기 싫증이 났다. '쟤 좀 어떻게 해볼 수 없을까?' 하면서 고민하다가 결국 멀쩡한 헤드보드를 떼어내고 침대 몸판에만 의지해서 잠을 청했다. 없던 게 생겨도 좋지만, 있던 걸 치워도 공간이 새로워진다는 걸 침대에게 배웠다.

베란다 가든 살림들 침실을 꾸미면서 정작 침실 그 자체에는 별로 큰마음을 주지 않고 여기 이 베란다에 유난히 집중했던 것 같다. 왜냐하면 이 공간이야말로 침실의 꽃이 되는 공간이니까. 베란다 가든에 있는 대부분의 도구들은 반포 고속버스터미널 경부선 3층 꽃 상가에서 구입했고, 한구석에 놓인 의자와 책상은 '마켓엠' 세일 판매 기간을 놓치지 않고 건진 살림이다.

침구 나는 유난스러운 프린트의 침구보다 이렇게 질감 좋은 하얀 침구를 좋아한다. 침구의 색이 진해지면 더러워지는 게 안 보이니까 좋기는 해도 기분은 썩 개운하지 않다. 그러니까 화이트 침구는 주부인 나를 늘 긴장하게 하는 아이템인 셈이다. 침구를 깨끗한 것으로 고르면 베개 커버나 쿠션으로 얼마든지 포인트를 주면서 분위기를 바꿀 수 있다는 장점이 있다. 나는 침구 컬러 대신 원단을 본다. 나일론이나 화학섬유가 섞이지 않은 리넨 같은 원단. 구겨지면 구겨진 대로 편안한 멋이 나는 순면을 좋아한다. 참! 어떤 날, 남편이 무지무지 예뻐지는 날에는 박박 빨아서 가볍게 풀 먹여주기도 한다.

이 집은 임금님 수라상처럼 차려 먹고 사느냐고 사람들이 묻는다.

겨우 두 사람 밥 먹는 식탁이 왜 이렇게 큰가 하면 손님이 많아서 그렇다.

남편도 나도, 사람 데려다 뭐 맛있는 거 해 먹이는 걸 좋아해서 말이다.

홍대 근처 목공소에서 주문 제작한 식탁은 거실 가구들처럼 쌍둥이다.

따로 떼어서도 쓸 수 있도록 ㄷ자 형태의 똑같은 놈 두 개를 붙여 놓았다.

식탁 의자로 쓰는 벤치 역시 목공소에서 함께 제작한 것.

벤치 위에 놓은 동그란 라텍스 방석은 내가 좋아하는 인테리어 소품 매장인

'무인양품'에서 구입했다.

있던 싱크대에 있던 개수대와 작업대…
내가 한 일은 큼지막한 대면형 식탁을 놓은 것뿐!

사람과 음식 냄새 끊이지 않는 주방

만약 내가 부자가 되고 싶다면 그 이유는 유리병 사고, 나무주걱 사고,
양념통 사고 그럴 때 눈치 안 봐도 되게… 아마도 그러고 싶어서일 것이다.
주부라면 누구나 다 경험했겠지만 갖고 싶다 하는 살림들이란
그게 숟가락이든, 간장종지든, 혹은 허드레 깡통이든 하나둘 모여서 큰돈이 된다.
그래서 결국은 끌탕을 하면서 마음을 접게 되는 것이다.
사실, 결혼 때도 나는 솥단지나 소소한 살림들에 눈이 뒤집혀서
폐물 같은 것에는 관심도 두지 않았던 사람이다.
'보석이 뭐가 중요해? 보석 뜯어 먹고 살 건가?' 내내 이렇게 생각했으니 말이다.
그래서 다른 예물 다 집어치우는 대신 다이아몬드 조각 하나 들어 있지 않은,
티파니 심플 링 딱 하나씩 서로의 손가락에 끼워주었다.
이렇게 구구절절 이야기를 펼치고 있는 것은 우리 집 주방에
뭐 특별한 꾸밈이랄 게 없는 까닭이다. 대신 특별한 살림살이들이 있다.
결혼해 8년간 사는 동안 끊임없이 사 모은 나의 보물들이 여기 주방에 다 있다.

Kitchen

인테리어라고 할 것은… 음… 주방 한 벽면에 하늘색 페인트를 칠한 것,
무지 큰 식탁을 맞춘 것, 그 식탁을 작업대와 마주 보게 대면형으로 놓은 것. 그저 이 정도?
약 50만원쯤 들여서 만든 식탁이야말로 제 몫을 톡톡히 해내는 아이다.
왜냐하면 맛있는 거 해 먹는 걸 유난히 좋아하는 우리 부부라 그렇다.
맛있는 것을 만들어서 사람들과 함께 나눠 먹으며 북적거리는 걸 좋아하는 우리.
나 혼자 있는 날은 찬밥에 물 말아 장아찌로 때우기 십상이지만,
둘이 있을 때는 영락없이 별미를 만들어 먹어야 직성이 풀리는 걸 어쩌랴.
"인생 뭐 있나? 맛있는 거 만들어서 좋은 사람들과 함께 먹는 게 맛난 인생이지."
"주방만 번드르르하면 또 뭐 하나? 음식 냄새 하나 안 나는 곳이면 주방도 아니지!"
둘이서 쿵짝쿵짝 마음 맞추고 사는 걸 보니 부부 될 팔자였음이 분명하다.
어쨌든 우리는 틈만 나면 둘이 눈을 마주치면서 말한다.

"고~래에? 안 되겠지? 사람 불러야겠지? 사람 불러야대~!"

같은 소재, 어울리는
소재끼리 모아 놓는
것이 기본. 이렇게 하면
도구도 장식품이 된다.

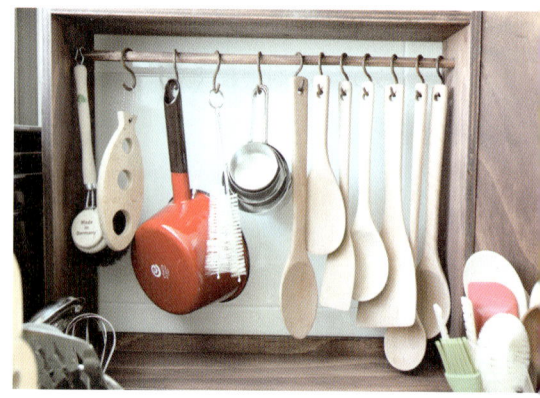

선반장 하단에 봉 하나 지른 뒤 S자 고리로 온갖 도구들을 착착착.

내게는 보석보다 더 귀한 주방 살림살이들

만약 내가 분에 넘치는 무언가를 소유하고 있다면… 그 대부분은
주방 살림들이 아닐까. 고백하자면 결혼해서 지금까지 8년 동안
꾸준히, 지속적으로, 끈기 있게 사 모은 나의 보물인 셈이다.
다양한 소재의 커트러리, 가지각색 유리병과 양념 용기들, 냄비
와 그릇…. 종류만 다양한 게 아니라 소재도 다양하다. 무쇠, 스
테인리스 스틸, 나무, 유리 등 눈에 들어오는 것들을 야금야금 사
다 보니 그것들이 어느새 나의 재산이 되어버린 것. 단, 이렇게 재
산을 불리는 데는 두 가지 방법이 있다. 하나는 큰돈을 챙겨서 한
꺼번에 다 사는 것. 다른 하나는 사고 싶은 종류를 확실히 결정한
뒤 한두 개씩 티 나지 않게 사서 모으는 것. 여기에서 나는 영락없
는 후자 쪽이다. 그러니까 예쁘다고 무조건 사는 게 아니라, 어떤
세트를 사겠다고 결정한 뒤 큰놈, 작은놈, 동그란 놈, 납작한 놈…
이런 식의 시리즈로 스리슬쩍 사들이는 것이다. 이렇게 하면 남편
들이 전혀 눈치 채지 못하게, 그리고 가계부에 큰 타격을 입히지
않으면서 주방 보물들을 모을 수 있다. 단, 시간이 조금 오래 걸린
다는 단점이 있기는 하지만 말이다. 수많은 매장들을 발발발 찾아
다니는 편이지만 그중에서 내가 특히 좋아하는 매장은 온라인 숍
'미스달스튜디오(www.missdal.com)'와 온·오프라인 매장을 함
께 가지고 있는 '스케치 1993(www.sketch1993.co.kr)'이다.

도마, 쟁반, 양념병 같은 것들을 숨겨 두지 않고
세팅하듯 보기 좋게 진열한다. 쓰기도 편하고,
장식 효과도 만점.

이런 게 쓸 데가 있을까, 라고
생각했던 아주 작은 사이즈의
깨 절구는 필수 살림이 되었다.

비어 있던 주방 한쪽 벽면에 양념병을
따로 모아 둘 수 있는 폭 좁은
선반장을 마련했다. 유리병 사이즈에
맞춰서 선반의 간격을 정한 뒤
공방에 맡겨 제작했다.

길들여야만 빛이 나는 무쇠솥. 역시 내가 정말 아끼는 살림으로 무쇠솥 전문 브랜드인 '롯지(LODGE)' 제품이다.

후춧가루 넣고, 소금 넣고 하는 유리병들이
여자에게 얼마나 큰 기쁨을 주는지…
남자들은 알 턱이 없다.

이 모든 살림들은 우리 집 주방
창가 밑에 얌전하게 모셔져 있다.
틈날 때마다 닦고, 광내면서
사랑해 주는 나의 재산.

늙은 나무인 고재를 목공소로 들고 가서 내 멋대로 도마를 만들고야 말았다는 것.

기꺼이 재단하고 다듬어준 공방 사장님도 두 손 두 발 다 드셨겠지만!

Kitchen Ware 1

도마라고 다 같은 도마는 아니라는 것
도마를 도마로만 쓰는 것은 아니라는 사실

유난스럽게 만든 고재 도마

에프북 : 헉! 기어이 도마를… 이렇게 하고야 말았던 거예요?

마님 : 당연하죠! 예쁘죵? 예쁘죵?

에프북 : (한숨) 마님, 병원에 가야 해요. 그냥 두면 불치병 될 거예요.

이거 다 만들어준 공방 사장님이랑 같이 가야 될 거예요.

그분이 정말 기가 막히셨을걸. 이거 다 만드시면서? 그죠?

마님 : 하하하하하하하하! 그래도 완존 좋아용!

에프북 : 마님이 뭘 잘 몰라서 그러는데요.

여기다 뭐 막 썰고 그러면 벌레 생기고 그럴 텐데….

마님 : 설마 여기다가 김치 썰고, 명란젓 썰고 그러기야 하겠어요?

에프북 : 아니, 무슨 말씀을 하시는 거예요?

도마에다 뭘 썰지 못하면 도대체 어디에다 썬다는 거예요?

그럼 얘는 어디다 쓰게? 모셔 두나? 얌전히?

마님 : 쓸 데가 왜 없어요? 완전 많아요. 냄비 받침으로 쓰고, 쟁반으로 쓰고.

에프북 : 손님 왔을 때 과일이나 그런 거 담아서 들고 나가고?

마님 : 그럼요. 주방에 그냥 쫙 세워 놓기만 해도 예쁘고.

에프북 : 도마에다가 흑백 사진 같은 거 붙여서 액자처럼 벽에 걸어 놓고?

마님 : 다 아시면서~!

에프북 : 몰라서 그러는 게 아니잖아요. 기어이 해내는 게 무서운 거지!

마님 : 하하하하! 무섭죠? 이렇게 만들지 않으면 살 수도 없고, 산다고 해도 완전 비싸요.

에프북 : 그래요? 그럼… 이거 어디서 구해서 어디 가서 만든 거라구요?

마님 : 몰라욧! 안 가르쳐줄 거예욧.

※ **땡굴마님 주**
이상은 나의 도마를 본 에프북의 편집자와 내가 나눈 대화들.
도마는 그러그러하게 잘 사용하고 있으며 만드는 방법은… 조금 귀찮기는 하지만
아주 어렵지는 않다. 남양주 주변을 비롯해 경기도 주변 지역 혹은 황학동 벼룩시장
같은 곳에 가면 고재를 만날 수 있는데 그런 곳에서 판자로 구입해서 가까운 목공소에
가서 잘라 오면 끝! 사실 나는… 내가 정말 사랑하는 시댁 과수원 창고에서 이 고재를
발견하고 날름 집어왔지만 말이다. 이 나무판을 보고 펄쩍펄쩍 뛰면서 좋아하는 나에게
시아버지께서 한말씀 던지셨다. "우리 며느리는 썩은 것만 좋아하네 그려!"
하하하! 어쨌든 그러그러하게 만든 이 도마는 생각보다 정말 예쁘다. 완전!

마음에 쏙 드는 옛 판자 구해다가
남편 손 하나 빌리지 않고 내 손으로 박아 완성한

다용도실 틈새 고재 선반

Kitchen Ware 2

1 선반을 설치할 위치를 정한 뒤 노루발의 못 구멍을 맞추고, 드릴로 구멍을 뚫어 놓는다. 2 구멍에 맞게 노루발을 붙이고 못을 박아서 고정한다. 3 노루발 위에 준비한 판자를 얹기만 하면 끝! 판자 대신 아크릴판이나 유리판도 좋다.

※ 땅굴마님 주
철물점에 가서 선반을 올려줄 노루발을 구입한다. 기본 노루발은 동네 철물점에 다 있지만 조금 예쁜 것들을 사고 싶다면 대형 철물점이나 인테리어 소품 매장 등에서 구입한다.

사실 선반이라는 것은 수납을 위해, 거기에다 무언가를

올려 두기 위해서 쓰는 일종의 실속 살림이다.

그런데 조금 더 솔직하게 말하면 진짜로 무언가를 알차게

착착 올려두는 경우보다 선반 그 자체의 장식적인 효과가 좋아서

사는 경우가 더 많다. 그러니까 여기에 보이는 이 고재 선반도

이 선반이 없으면 절대로 살림 둘 곳이 없어서 만든 건 아니라는 얘기다.

그런데 이런 선반을 꼭 한번 만들어 보고 싶었다.

욕실 문짝 위에 선반을 달아 놓고 휴지, 보관해 두고 쓰는

욕실용품 같은 것들을 정리해 둔 일본 여자들의 집을 볼 때마다 그랬다.

그런데 시댁에 갔다가 발견한 고재 몇 장을 들고 와서는 도마를 만들고,

또 이렇게 선반으로 완성하고야 만 것이다.

성격 급한 나는 남편 손을 빌리기도 전에 선반을 설치하고야 말았다.

다용도실 문을 열어 놓아도 잘 보이지 않으니 복잡해 보이지도 않고,

문을 여닫는 데 전혀 거슬리지 않으니 이래저래 어깨가 들썩들썩!

지금은 처음이니까 예쁜 살림들만 올려서 진열했지만

머잖아 정말 이 자리가 딱 좋은 살림들을 올리게 될 거라고 장담한다.

그런데… 선반을 만든 뒤 목이 빠질 것 같은 증세가 생겼다.

이 녀석이 하도 대견해서 하루 종일 올려다보아서 그렇다. 애고.

처음에는…

가구 자체의 앤티크한 멋에 빠져서 고이고이 아껴가며 모셨다.
'스케치 1993'의 일산 오프라인 매장에서 구입했는데
요즘은 구할 수 없는 품목이 되었다.

요즘에는…

이제 제법 손대가 묻었다. 커피를 배우기 시작하면서는
커피 도구 테이블로 변신.
위쪽은 커피 도구, 아래쪽은 와인, 앞쪽 행어에는 예쁜 냅킨까지
필요한 건 다 있는 알짜배기다.

음식이 차려지고, 오순도순 사람들이 모여 앉는 이 자리.
'그런 게 사는 거지'라고 가르쳐주는

이 널찍한 테이블이 늘 고맙다.

책, 책, 책··· 책으로 벽을 쌓아
꼭꼭 숨어서 혼자 놀기 딱 좋은 곳

내 남자의 서재

Library

가까운 사람들 중 몇몇은 내 남편을 '사실남'이라고 부른다.

그러니까 매우 사실적으로 말하는 사람이라는 뜻이다.

다시 말하면 직설적이라는 얘기? 생각해 보니 그렇다. 나도 '끄덕끄덕'이다.

그 남자는 그러니까. 조금은 까칠한, 그런 성격이니까.

하지만 나의 그 냉철한 사실남도 그게 전부는 아니다. 그에게는 뭔가가 있다.

그 뭔가가 뭔가 하면 '센스'다. 예쁜 것을 볼 줄 아는 센스,

맛있는 것을 제대로 골라낼 줄 아는 센스,

마누라가 부탁하는 일을 거절하면 어떤 위험이 닥치는지 아는 센스, 센스들.

대부분의 남자들은 인테리어니 요리니 하는 생활 감각 같은 게 없어서

뭐가 예쁜 살림인지, 뭐가 좋은 음식인지 잘 모른다는데

남편은 그런 것들을 구분해 낼 줄 아는 영민한 레이더를 가졌다.

하기는 그러니까 이렇게 부산한 나를 다 받아주고 사는 거겠지만.

근데 이건 뭐지? 책에다가 남편 자랑을?

잠시 이성을 잃었던 거라고 너그러이 용서하시길.

어쨌든 그런 남편의 방에는 작가도 아니면서 책들이 참 많다.

여자들이 좋아하는 생활 무크 같은 것도 꽤 본다.

그러다 보니 그의 서재를 꾸미는 데는 책꽂이 생각만 하면 되었다.

필요와 공간에 맞게 이리저리 옮겨 다니며 쓸 수 있는 큼지막한 책꽂이.

남편이 숨어서 놀고 싶어 하는 것 같은 때는 책꽂이로 벽을 만들고,

그게 답답하게 느껴지는 날이 오면 가구 재배치만으로 책꽂이 벽을 해체하고….

역시 가구는 디자인보다 쓰임새가 중요한 것 같다.

길쭉이 쭉쭉이 원목 책상 사실 이 아이를 책상이라고 부르니까 책상인 거다. 남편 서재에 놓았으니까 책상이 된 것일 뿐, 주방으로 갔다면 식탁이 되었을 테니까. 부창부수인가? 이것저것 관심이 하도 많아서 하고 싶은 일도 많은 남편을 위해 장다리처럼 긴 책상을 만들어주었다. 마음에 드는 일반 책상을 사려면 비싸기도 한 데다 사이즈도 마음에 차지 않아서였다. 우리 집 가구를 다 만들어준 홍대 앞 목공소에서 사이즈에 맞게 주문 제작한 것으로 30만원대.

빨간 캐비닛과 의자 웬만큼 인테리어에 관심 있는 주부들은 벌써 감 잡았을 '이케아' 제품이다. 이곳 제품들은 반제품 상태로 배달되기 때문에 어지간한 것들은 직접 조립해야 한다는 부담감이 있지만, 값이 그만큼 착한 데다 디자인도 썩 예쁘다. 서랍 없이 ㄷ자 형태로 책상을 만든 탓에 이동식 서랍이 필요했는데 '이케아' 철제 캐비닛이 제격이었다. 원목밖에 없는 공간에 빨간 꽃을 피워준 아이템. 의자도 뻔한 책상 의자가 싫어서 같은 빨간색의 가벼운 '이케아' 제품으로 구입했다. 하루 종일 책상에만 앉아 있는 것도 아니라서 허리 걱정은 안 해도 된다.

철제 블라인드 남자가 쓰는 공간에 치렁치렁 커튼을 늘어뜨리는 게 왠지 어울리지 않는 것 같아서 심플하면서 가격도 저렴한 블라인드로 대신했다. 커튼 가게에서 맞춰도 되지만 비용을 줄이고 싶다면 온라인 매장을 뒤져서 구매하는 편이 좋다. 단, 직접 설치라는 것을 감수해야 한다.

책꽂이 남편의 서재에는 두 개의 책꽂이가 있는데 하나는 '이케아'에서 구매한 제품이고, 바퀴가 달려 있는 또 다른 책꽂이는 '두닷' 제품이다. 여기 있는 이 책꽂이는 '이케아' 제품. 군더더기 없는 디자인에 원목 제품이라 싫증나지 않게 오래오래 사용할 수 있다.

바느질하고, 뜨개질하고, 블로그 놀이하고…
상상하는 모든 것이 현실이 되는 곳

꿈꾸는 놀이터, 띵굴마님의 작업실

여자들은 꿈을 꾼다. 나만의 공간 하나 갖는 꿈.
밥 짓고, 빨래 돌리고, 청소하고, 아이들 챙기고…
그 모든 부산한 시간들을 지나는 동안 아주 잠시만이라도
나 혼자, 오직 내 이름으로 돌아가
오롯이 꿈꿀 수 있는 자리를 갖고 싶은 것이리라.
주방 한켠에 작은 책상을 놓거나,
베란다에 바느질하는 자리를 만드는 것은 그래서다.
살림하느라 잃어버린 내 꿈을 되찾고 싶어서.
나의 작업실을 공개하면서 사실은 조금 마음이 쓰인다.
비좁은 공간 그 어디에도 작업실 같은 것을 마련할 수 없어
늘 아쉬운 여자들이 얼마나 많은지를 알기 때문이다.
아직 아이가 없어서, 그렇게 부산한 삶 속에 발을 담그지 못한 덕분이라고
너그럽게 생각해 주기를 바라면서 작업실의 문을 연다.
대단할 것도 없는 공간이지만,
한 여자가 꿈을 꾸고 그 꿈을 현실로 옮겨가는 진심 어린 자리니까.

선반과 책상 우리 집에 있는 대부분의 가구들은 색을 입히지 않고, 우드 스테인만으로 자연스러운 색감을 더한 원목 소재의 제품들이다. 원목 가구는 쉽게 싫증이 나지 않는 데다, 언제라도 원하는 색을 입힐 수 있으니 활용도가 높은 편. 나의 작업실도 말 그대로 실속형의 원목 가구로 세팅했다.

어차피 자잘한 살림들로 가득 찰 공간이니 굳이 가구에 힘을 줄 필요도 없었고. 책상은 2개가 붙어 있는데 그중 컴퓨터 책상은 '이케아' 제품, 다른 하나는 목공소에서 제작한 ㄷ자 형태의 책상이다. 창가 쪽으로 놓은 테이블은 MDF 박스를 다리 삼아 상판만 얹어 만든 것. 선반도 책상을 만들 때 목공소에서 함께 제작했다.

원목 노루발 빈 벽면에 원목 선반을 달았다. 노루발은 '이케아' 제품을 구입한 뒤 선반에 칠한 것과 같은 컬러의 우드 스테인을 사다가 칠한 것. 철제 노루발을 따로 구입해도 되지만 내추럴한 느낌을 살리고 싶었고, 그렇다고 노루발 없이 벽에 부착하는 방법을 쓰자면 인부 아저씨를 따로 불러야 하는 번거로움이 있기 때문이었다. 노루발을 이런 삼각대 형태로 만들고 보니 봉을 얹어 놓을 수 있어 무언가를 끼워서 수납하기에 제격. 여기에는 리본을 비롯한 각종 테이프류를 정리해 둔다.

미니 서랍장 서랍이 따로 없는 테이블 형태의 책상이라 소소한 살림들을 정리해 둘 수 있는 소가구가 필요했다. 마침 '이케아'에서 원하는 제품을 발견해 덜컥 구입했다. 책상 위에 올려 두기에 전혀 부담이 없는 사이즈인 데다 다양한 DIY 소품들을 넣어 두기에 제격이다.

파일 박스 감출 곳 없이 오픈되는 선반 위에 꼭 필요한 아이템 중
하나가 파일 박스다. 잡동사니들을 심플 수납하기에 제격. 파일 박스의
종류는 여러 가지가 있지만 장식 효과까지 높이는 데는 종이 상자처럼
생긴 이 파일이 제격인 듯. 대형 문구점에 가도 구입할 수 있지만
흰색을 찾기가 쉽지 않아서 포기하곤 했었는데… 어느 날, '이케아'에서
발견하고는 뛸 듯이 기뻐하며 룰루랄라 구입했다.

책상 또 책상 앞부분에서도 밝혔듯이 컴퓨터 책상은 브랜드 제품이고, 다른 하나는 주문 제작한 것. 두 가구의 색상이 다르기는 하지만

폭과 높이를 맞춰서 제작한 덕분에 사용하는 데 전혀 불편함이 없다. 필요할 때마다 이렇게 하나씩 플러스할 수 있고, 또는 따로 떼어

사용할 수도 있어 편리하다.

벽걸이 수납 작업실은 좀 작업실다워야 하지 않나? 그러니까
적당히 어수선한 느낌도 들어야 작업실의 멋이 느껴진다는 생각.
그럼에도 불구하고 완전히 지저분한 꼴은 못 보는 성격이라 시안으로
삼는 사진, 엽서, 글귀 등등 메모판을 대신할 수 있는 무언가를 붙이기
위해 철망을 선택했다. 5년 전에 반포 고속버스터미널 경부선 3층에
있는 '현대리본'이라는 곳에서 구입했는데… 지금도 있을지는 좀….
하지만 비슷하게 만들 수는 있을 것 같다. 철물점에서 철망을 잘라서
구입한 뒤 리본 테이프를 두르거나 원단을 입히는 등의 방법으로
사방을 정돈하기만 하면 단숨에 비슷한 아이템으로 변신할 듯!

재봉틀 다리로 만든 테이블 내가 개인적으로 정말정말정말 좋아하는 살림이다. 누군가의 집에서도 보고, 잡지에서도 언뜻 보고 하면서 군침을 흘렸었는데… 어머머, 글쎄! 그게 시어머니의 집에 떡하니 있는 것이었다. 그것도 내가 그동안 보았던 것들보다 훨씬 앤티크하고, 신랄하게 낡은!! 어머니 치마꼬리 붙잡고 다니면서 달라고, 달라고 졸라 결국은 내 방으로 데려왔다. 그 위에 재봉틀 올려 놓고 바느질하면서 날마다 구호를 외운다. 어머니, 정말 감사합니다. 이런 거 자꾸자꾸 주세요, 하고.

책장과 수납 선반장 책상 맞은편 벽면은 말 그대로 보물이 숨어 있는 곳이다. 여기에서 말하는 보물이란 조각 천, 책, 유리병, 뜨개실… 뭐 그런 것들이다. 그런 아이들이 있어야 내가 만들고 싶은 것들을 무궁무진 탄생시킬 수 있으니 나에게는 보물단지일 수밖에! 이렇듯 다양한 품목들을 정리하는 데는 역시 선반장이 제격. 여기저기 둘러보다가 책장과 소품 수납 선반장까지 모두 '이케아'에서 구입했다. 바구니, 박스 같은 것들을 척척 쌓아두어도 전혀 어색하거나 보기 싫지 않은 데다 유리병 같은 작은 소품들을 마치 장식하듯 정리해 둘 수 있어서 참 좋다! 단, 먼지가 문제다. 선반장 대부분이 그렇다시피 이 녀석이 오픈 형태이다 보니 먼지라는 먼지는 다 내려앉기 때문이다. 방법은 없다. 열심히 털어주거나, 아니면 그냥 보거나!

화이트 스툴 재봉틀 테이블 앞에 놓을 의자가 하나 필요했다. 서서 바느질을 할 수는 없는 데다(사실, 뭐 바느질을 꼭 여기에서 해야 하는 건 아니지만…), 격식이 중요하니까. 테이블이 있는데 의자가 없는 것도 조금 이상하니까. 앤티크 테이블이라고 의자까지 반드시 그래야 할 필요는 없을 것 같아서 가벼운 느낌의 흰색 스툴로 결정했다. 반포 고속버스터미널 경부선 3층 꽃 도매시장에 있는 소품 매장에서 건져온 '덜튼' 제품이다.

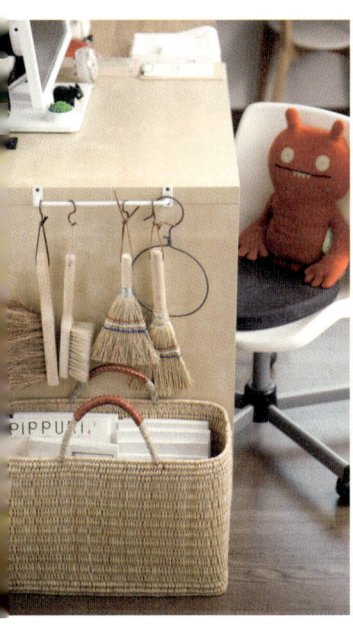

비어 있던 책상 옆면에 봉 하나 걸었더니 이렇게 쓰임새가 많은 걸.

장식품으로 빗자루나 사 모으는 게 이상하다 생각하는 사람들도 있지만,

여기에 걸어두니 이렇게 예쁜 걸. 아니, 그 무엇보다 이렇게 시시한 것들에도

이토록 기쁜 마음을 가질 수 있으니 그거면 된 것 아닐까.

빌딩을 사면서 기쁜 사람도 있지만, 비질을 하면서 기쁜 우리도 있으니까.

나는 그래서 내 집이 좋다. 이런 시시한 것들을 모으고, 모아서

기쁜 내 살림으로 만들어 놓은 이 별것 없는 전셋집이!

Plus Story

Neighborhood Home

꽃 선생님이 우리 아파트로 이사를 왔다
그녀의 집을 내 집인 듯 뛰어다니며 꾸몄다

인형 같은 아이, 다현이네 집 단장

나는 마당발이다. 그건 천성인 것 같다. 천성적으로 사람을 좋아하는 데다

마음으로 들어오는 사람을 만나기라도 하는 날에는

가뜩이나 큰 목소리가 두 배로 커진다. 좋아서 그러는 거다.

마음이 건너다닐 수 있는 그런 벗을 만나게 된 게 좋아서.

다현이 엄마가 내게 꼭 그런 사람이다.

그녀는 나의 꽃 선생님.

취미로 설렁설렁 하다가 본격적으로 꽃을 배우기 시작했을 때,

그녀가 나에게 꽃을 가르쳤다.

뭐든 주어지면 뿌리를 뽑고야 마는 나의 성격 덕분에

열심히 꽃을 배웠더니 그녀가 나에게 강사 자리를 주기도 해서

한동안 그녀와 함께 꽃을 가르친 적도 있었다.

그렇게 짝꿍으로 붙어 살았던 그녀를 살살 꼬드겨서

우리 동네, 아니 우리 아파트로 이사를 하게 만들었다.

"이사하면 그 집은 제가 다 꾸민다니까요!" 하면서.

그 말에 그녀가 말했다. 우리 집이랑 똑같이 해내라고.

그래서 결국 우리 두 집은 밥그릇, 숟가락까지 비슷한 쌍둥이 집이 되고 말았다.

그 집, 다현이네 집.

인테리어 교육 같은 건 받아본 적도 없는 내가 처음으로 꾸민,

남의 집 꾸밈 정보를 살짝 털어놓으려고 한다. 쑥스럽고 부끄럽지만!

다현이 엄마 아빠의 침실에도 원목 가구가 있고,

베란다 정원이 있다.

우리 집과 완전히 똑같은 건 아니니까

쌍둥이는 아니고 자매 정도 되는 공간.

하지만 비슷하게 꾸며도 사는 사람이 달라지니

그 공간에서는 다른 빛이 난다.

역시 어느 공간이든 주인공은

바로 '사람'인 것 같다.

침대와 사이드 테이블 단순하고 심플하지만 원목의 색상도 매우 부드럽고, 디자인 자체도 차분한 느낌이 나는… 얌전한 여자 같은 가구다. 어떤 침구와 매치해도 제대로 소화해 내는 가구라 이만한 게 또 있을까, 싶을 정도. 우리 집 침대가 조금만 말썽을 부렸어도 큰맘 먹고 구입하고 싶었던 아이템. 요즘 가구는 너무 튼튼해서 그것도 탈이다. 하하! 이 단아한 침대는 '마마스라인(031-957-0340, www.mamasline.com)'이라는 곳에서 구입했고, 사이드 테이블 은 서교동에 있는 '우리홍익가구나라(02-336-4139)'에서 맞춤 구입했다.

수납장 겸 장식장 박스 형태의 가구라 이것저것 정리해 두기에 제격인 데다 천편일률적인 디자인이 아니라서 은근히 더 마음에 들었던 가구다. 두 가지 스타일의 가구를 나란히 붙여 놓았더니 은근히 다정해 보이기까지. 막 이사한 직후에 찍은 사진이라 이렇게 텅 비어 있지 만 지금은 제법 살림이 들어차 있다. 정사각 박스 형태의 가구에는 바구니나 박스 같은 것을 끼워 넣으면 이국적인 분위기를 연출할 수 있다. 두 가지 장식장은 모두 침대와 같은 '마마스 라인'에서 구입.

화장대 우리 집 테이블이나 책상은 모두 '다리'가 없는 완전 실속형. 하지만 다현이 네 집 가구에는 다리도 있고, 서랍도 있다. 나무옹이가 살아 있어서 더욱 내추럴한 느 낌을 풍기는 이 화장대는 역시 '마마스라인' 제품이고, 세트인 듯 보이는 거울과 의자는 '우리홍익가구나라'에서 주문 제작했다.

Veranda Garden

혹시 이렇게 말할 독자가 있을지도 모르겠다. "여기 땡굴마님네 정원 아닌가?"

그도 그럴 것이 이 정원이나 우리 집 정원이나 다를 게 거의 없다.
왜냐하면 함께 꽃을 가르치고, 함께 꽃과 도구를 사들이고,
함께 세월을 건너왔으니 다를 게 무엇일까? 그러니까 이 꽃밭은
툭하면 손잡고 다니면서 꽃을 생각하고,
함께 쇼핑을 하며 살림들을 사들인 결과물이라고 생각하면 된다.
그래서 이 집 침실의 베란다 가든 이야기는 하지 않기로 한다.
중언부언, 더 무슨 이야기를 하겠나 말이다. 흠…

우리 집이 소파 천갈이를 한 게 아닌가, 하고 살짝 착각이 들 만큼
비슷한 거실. 하기는 구조도 같고, 살림도 비슷한 것으로 구입했으니
작정하고 쌍둥이 만들자는 심산이었던 게 맞다.
그래도 너무 똑같으면 헷갈릴까 봐 소파 색상도 다르게,
암체어도 살짝 다른 것으로 구입한 센스!
그러고 보니 벽지 페인트 색깔도 같네. 다른 건?
선반! 그러니까 차라리 숨은 그림 찾기 놀이를 하는 게 낫겠다. 이런!

Living Room

소파와 암체어 가죽 소파를 갖고 싶기는 하지만 사실, 가죽 소파는 정말 좋은 제품을 구입해야 제값을 한다. 동네 부동산이나 미용실 같은 데 가면 흔히 볼 수 있는, 그러니까 인조 가죽인지 진짜 가죽인지 경계가 불분명한 소재와 디자인의 가죽 소파는 그리 반갑지 않은 편. 그래서 아직까지는 패브릭 소파를 선호하는 편이다. 청소 때문에 고민이 되기는 하지만 1년에 두어 번쯤 기계 클리닝을 하면 되고, 색깔을 조금 진한 것으로 고르면 모든 게 용서되니까. 이 집은 어린아이가 있어서 소파와 암체어 색깔을 조금 진한 브라운 컬러로 선택했다. 아무래도 더러워질 위험이 높으니까. 소파는 '이케아' 제품으로 구입한 후에 커버링을 새로 했고, 암체어는 '퍼니매스(www.furnimass.com)'라는 곳에서 구입했다.

칭가 선반장 이 집에서도 느낄 수 있듯 우리 아파트는 거실 베란다가 따로 없는 구조라 유난히 넓어 보인다. 소파만으로는 조금 훵한 느낌이 들기도 해서, 다현이가 즐겨 읽는 책들을 꽂아 둘 수 있는 선반장 형태의 책장을 놓았다. 아이들은 햇볕이 잘 드는 곳을 찾아다니는 습성이 있으니 베란다가 제격이고, 아이의 키를 고려해서 키 낮은 책장으로! 은근히 섬세한 이유를 붙여 선택한 가구다. 이 원목 선반장은 '바이헤이데이' 제품이다.

테이블 ㄷ자 형태의 심플한 소파 테이블. 우리 집에 있는 것과 거의 흡사한 디자인이다. 역시 어디든 옮겨 다니면서 편하게 사용할 수 있다는 장점이 있다. 물론, 벤치로도 제격. 침실 가구를 구입했던 '우리홍익가구나라'에서 맞춤 제작해 데려왔다.

TV장과 4칸 장식장 TV가 슬림 형태로 돌아서면서 TV장도 매우 작고 슬림해졌다. 덕분에 거실을 조금 더 넓게 쓸 수 있게 된 것 같기도 하다. 이 집 거실 역시 너무 크지 않은 사이즈의 아담한 TV장으로 대신했는데 그것만으로는 조금 썰렁한 느낌이 들어서 4칸짜리 수납 공간이 있는 장식장을 곁들였더니 한결 보기 좋아졌다. 모두 '바이헤이데이(www.byheydey.com)' 제품.

선반 딱히 걸어 놓을 그림도 마땅치 않을 때, 그렇다고 그냥 비워 두기에는 너무 휑한 벽면일 때, 선반보다 더 좋은 대안이 없다. 다현이네 집 거실에 부착한 선반은 가구를 맞춘 공방에서 사이즈에 맞게 잘라 온 원목을 다현 아빠가 직접 설치한 것. 선반 3군데에 길이가 긴 앙카못을 박고, 벽면에 드릴로 구멍을 뚫어 끼워 넣는 방법으로 부착했다.

커튼 내추럴한 색상과 소재의 심플 커튼으로 거실 창문에 옷을 지어 입혔다. 동대문시장에서 구입한 원단을 시장 내에 있는 바느질 가게에 맡겨서 완성한 것. 그 창가에 키다리 푸른 식물을 함께 곁들였더니 베이지 톤의 리넨 커튼이 산소를 머금은 듯 생기 있어 보인다.

다현이는 정말 사랑스러운 아이다.

얼굴도 예쁘고, 하는 행동도 예쁜 녀석이 공부도 좋아한다.

이다음에 커서 박사가 되려는지 자기 방을 꾸며주자마자

제일 먼저 책상 앞에 앉았다. 기특하게도!

이 고운 외동 공주의 방은 특히 많은 신경을 썼던 것 같다.

책도 읽고, 놀기도 하고, 동화처럼 잠들 수도 있는

공간으로 꾸며주고 싶어서 말이다.

그 모든 꿈을 다 담았더니 알록달록 딸기밭,

포도밭 같은 느낌이다.

Kid's Room

책장과 컬러 보드 아이의 눈높이에 맞추는 것은 아이 방 꾸밈의 기본. 책장도 서로 키가 다른 것들을 모아 계단 형태로 배치해 주었다. 책장 옆으로 낙서판 같은 대형 컬러 보드를 세워 놓았더니, 마치 그림 놀이판처럼 뭘 붙이기도 하면서 잘 논다. 컬러 보드는 '서울흑판(www.7fan.co.kr)', 책장은 모두 '문고리닷컴(www.moongori.com)' 제품이다.

둥둥 떠다니는 모빌 인형 아이 방이니까 이런 건 기본이다. 아이들은 이렇게 사소한 것에 감동하니까. 동물 인형들을 태우고 둥둥 떠다니는 이 모빌은 '이케아' 제품.

컬러풀 책상 세트 '이케아'에서 원목 책상과 의자를 구입한 뒤 '나무와사람들(www.jeswood.com)'에서 친환경 페인트인 '던 에드워드' 제품을 사다가 페인팅했다. 책상은 DE 5516번, 초록색 의자는 DE 5671, 파란 의자는 DE 5858번 제품이다.

원목 선반과 파티 플래그 공간마다 다 있는 선반을 아이 방에 안 달아줄 수는 없다는 사명감! 장식 효과 만점인 이 선반은 나무판을 공방에서 재단해 오고, 노루발은 '이케아'에서 구입해 다현을 엄청 사랑하는 아빠가 설치한 것.

오픈형 책장 다현이처럼 어린아이들이 있는 집이라면 꼭 하나쯤 필요한 책장. 표지가 전면에 보이도록 꽂아둘 수 있는 이런 형태의 책꽂이는 유아교육과 교수들도 강력 추천한다는 아이템이다. 글씨를 모르는 아이들이 얼마든지 읽고 싶은 책을 고를 수 있게 하는 효과가 있단다. 다현이네 오픈 책장은 '문고리닷컴' 제품이다.

캐노피와 침구 다현이 방의 하이라이트는 여기 다 모였다. 공주처럼 잠들고 싶은 여자아이들 방에 제격인 캐노피가 주인공. 그런데 가구가 많이 들어가다 보니 침대까지 놓을 공간이 마땅치 않아서 라텍스 매트 위에 그린색 패드를 깔아 침대 대용으로 사용하게 했다. 결과는 대만족. 캐노피와 패치 느낌의 이불은 '이케아' 제품. 요 패드를 비롯해 커튼까지 패브릭은 모두 동대문 원단시장에서 감을 끊어 바느질을 맡겼다.

놀이 텐트와 러그 이 아이를 방에 놓느라고 침대를 들일 수 없었던 것 같기도 하다. 아이들은 침대보다 이런 아이템을 더 좋아하니까. 알록달록한 놀이 텐트는 다현이를 늘 설레게 하고, 친구만 오면 데리고 들어가서 노는 또 하나의 집이다. 놀이 텐트는 '카라멜샵'(www.e-caramel.co.kr), 핑크색 러그는 '이케아'에서 구입했다.

촬영을 위해 찾았던 포토 스튜디오. 여기에서도 마님 기질 발동이다. 남의 집 선반 위는 왜 정리하는 거지?

내 집인 척 세팅을 하고 있자니 웃음이 절로 난다. 못 말리는 땅굴마님!

막바느질에 막뜨개질…

무작정

핸드메이드 살림

갖고 싶은 모든 것을 다 가질 수 있다면 얼마나 좋을까?

허지만 나는 재벌도 아니고, 재벌의 아내도 아닌 걸.

잡지에서, TV에서 혹은 우연히 들렀던 이웃집에서…

예쁜 소품을 발견하게 되면 나는 정말이지,

배알도 없는 사람처럼 소리부터 지르고 본다. 꺄울!!

물론, 머릿속으로는 재빠르게 밑그림을 그린다.

'이러쿵저러쿵 스리슬쩍 어찌어찌 만들면 되겠군!'

그러고는 집으로 돌아오기가 무섭게 그 탐나는

소품 만들기에 돌입하고야 마는 것이다.

처음에는 흉내 내기로 시작했다가

살짝 살짝 나만의 감각을 보태면서 하나둘 완성해 간다.

그렇게 하나둘 만들기 시작한 나만의 살림살이들.

어설프지만 시간과 정성이 들어가 더할 수 없이 귀한,

땡굴마님식의 손 살림살이들을 함께 나누려고 한다.

"에이! 이게 뭐야? 겨우 이거야?"

혹 누군가 호통을 칠 수도 있을 만큼…

정말 부끄러운 솜씨지만 말이다.

Afternoon Needlework

by the sewing box

금은보화를 주어도 바꾸기 싫은 나의 꿈 상자…
앗! 아니지,
금은보화를 주면 얼른 받아서
더 많이 사고 싶을 정도로 아끼는 내 살림, 반진고리.

이러~언! 욕심도, 욕심도, 이런 욕심이!
가져도, 가져도 더 갖고 싶은 바느질 도구들

일단 모은다. 조각 천도 모으고, 실도 모으고, 바늘도 모은다.
가위도 모으고, 단추도 모은다. 단추는…
그냥 모으면 굴러다니다가 자꾸 없어지니까 병 속에 착착 담아서 모은다.
그러다 보니 병도 모은다. 리본 테이프도 모으고 노끈도 모으고….
이렇게 모은 것들을 담아둘 거대한 무언가가 필요했다.
그런데 이럴 수가! '텐바이텐(www.10×10.co.kr)'이라는 곳에서
내 맘에 쏙 드는 통큰 반짇고리를 찾았다.
제 집을 찾은 바느질 도구들에서는 빛이 난다. 그래서 내 마음에서도 빛이 난다.

막장은 맛있는데 막바느질은 안 되나?
고백하기 살짝 민망한 얘기 하나

에프북 : 마님, 웃긴 얘기 해 드릴까요?

띵굴 : 네. 저 웃긴 얘기 완전 좋아해요.

에프북 : 마님의 핸드메이드 살림 말이에요. 그거 만들기 일러스트 그려주신 분이
진짜 유명한 일러스트레이터거든요.

띵굴 : 그런데요?

에프북 : 그 양반이 마님 만나고 싶대요. 마님이 어떤 사람인지 정말 궁금하다고.

띵굴 : 왜요, 왜요? 완전 예뻐서 그러는 거죵?

에프북 : … 아니, 그게 아니고요. 세상에 태어나서 이런 바느질과 뜨개질은 처음 봤대요.

띵굴 : 그러니까 예쁘다는 말이잖아요.

에프북 : 규칙이 하나도 없대요. 뜨개질은 중간에 코도 막 빼먹고,
바느질도 완전 막바느질인데… 그런데 정말 신기한 게 끝에 가면 작품이 완성된다고요.

띵굴 : 헉! 그럼 흉본 거네요?

에프북 : 딱히 흉이랄 것까지는 없는데… 그렇다고 칭찬은 아닌 것 같죠?

띵굴 : 하하하하하! 칭찬은 당연히 아니죠. 하하하하하!

에프북 : 하하하하하하하! 마님 바느질은 막바느질이에요. 막!바!느!질!

편집자와 통화를 끝내고 한참을 웃었다.
처음에는 살짝 민망해져서 웃음으로 눙친 거였는데
웃다 보니 사실, 뭐 부끄러울 건 없는 것 같았다.
그렇다. 나는 막바느질을 한다.
내 맘대로 하니까 막바느질이고, 막뜨개질이다.
바느질, 뜨개질로 나라를 구할 것도 아닌데
뭐 그렇게 법칙 따져가면서 할 필요가 있나?
한 코 빼먹으면 그 다음 코에다 슬쩍 끼우면 되지,
그걸 굳이 풀어서 다시 뜰 이유는 없지 않나 말이다.
이런 이야기를 털어놓는 이유는 독자들이 자신감을 가졌으면 해서다.
나 같은 사람도 바느질을 하고, 뜨개질을 하는 걸 보면
누구나 다 할 수 있다는 얘기니까.
그러니까 지금부터 펼쳐지는 나의 살림들은
막돼먹은 띵굴마님의 규칙 없는 작품들이다.
혹여 나의 살림 만들기를 따라했다가 잘 되지 않더라도
너그럽게 이해하고 용서하시길! 나는 막바느질, 막뜨개질 전문가니까!

직선 박기로 쭉쭉쭉 만드는 쿠션 커버
쉬운 것부터 해야 자신감이 붙는다는 것!

나의 쿠션 놀이는

그렇게

시작되었다

등받이와 방석 커버를 입혔다. 벗겼다 할 수 있는
무지 원단의 소파를 선택한 것은 잘한 일이었다.
가구 자체가 워낙 존재감이 적고 개성이 없다 보니
쿠션 몇 개만 올려놓아도 금세 다른 표정!
소파를 바꿀 수 없다면 바꾼 척하는 것도 방법이니 그렇다.
마음에 드는 쿠션 커버를 사 들이기 시작했더니
그 값도 제법 만만치 않은 터라, 아예 만들어 보기로 했다.
도매시장에 가서 눈에 차는 원단만 골라 오면
직선 박기로 드르륵 완성할 수 있으니 못할 것도 없다.
그마저도 자신 없을 때는 시장 안에 있는 바느질집에 맡기면 그만.
변덕 심한 주인 덕분에 우리 집 소파는 하루가 멀다 하고
새 친구를 맞는다. 새 친구 쿠션들!

sofa

무지 원단, 체크 원단, 큰놈과 작은놈, 두툼한 것, 얇은 것 그리고 봄여름가을겨울…

쿠션만 바꿔도 소파를 새로 산 것 같은 기분! 이보다 알뜰한 기쁨이 또 있을까?

기법도 없고, 본도 없이 손 가는 대로…
조각 천을 더하고, 나누고, 씌우면서

내 멋대로 바느질하는 무념무상의 시간

나는 목소리가 진짜 크다.
게다가 웃을 때는 "하하하하!" 기차 화통처럼 더 커진다.
느닷없이 이런 말을 꺼내는 이유는… 어쩐지 나란 여자는
바느질과는 잘 어울리지 않는 것 같은 생각이 드는 까닭이다.
자고로 바느질이란, 단아한 여자들의 전유물 같아서 말이다.
잘 먹고, 잘 자고, 잘 놀고, 잘 웃는,
털털하고, 화끈하고, 내숭 없고, 때론 무모(?)하기도 한 나.
그런 내가 손에 바늘을 들고 앉아서
조용조용 바느질이란 걸 하고 있다니….
사실은 나조차도 그런 내 모습이 잘 그려지지 않는 걸 어쩌랴.
그럼에도 불구하고 나는 바느질을 한다.
좋아서 그러는 거다.
딱히 자로 잰 듯한 솜씨가 있는 것도 아니다.
눈에 차는 아이들끼리 짝지어주면서
듬성듬성 꿰매거나 드르륵 박는다.
해진 곳, 미어진 곳은 고운 천 슬쩍 덮어
치장해 주면서 신이 난다.
딱히 뭐에 쓸 물건인지 정하지도 않은 채
형형색색의 천들을 조각조각 이어 붙이기도 한다.
그렇게 만든 패치들을 따로 모아 두었다가 지갑도 만들고,
다이어리 커버도 만들고, 냄비 받침도 만든다.
생각을 비우고 바느질에 몰두하는 그 시간이란…
오후의 낮잠보다 더 달다.

냄비 잡이로도 쓰고, 냄비 받침으로도 쓰고!
3가지 스타일의 포트 매트 만들기

바느질로 무언가를 만들어 보겠다고 처음 작정한 사람이
이불이나 옷 만들기를 덜컥 선택할 수는 없다.
그런 거대한 작품들은 고수들이나 할 수 있는 것들이니까.
이것저것 다 재고 따지고 해본 결과, 초보자도 안심하고
덤빌 수 있는 작품들이란 주방용품이 최고다.
작은 것, 시시한 것, 존재감 없는 것, 망쳐도 괜찮고,
어찌어찌 완성이 된다면야 더할 나위 없이 고마운 그런 것들 말이다.
그래서 우리 집 주방용품 중에는 내 손으로 직접 만든 것들이
유난히 많은 편이다. 그것도 한나절만 시간을 쏟으면
뚝딱 만들 수 있으니 얼마나 고마운지 모른다.
여기 소개하는 아이들은 이름도, 성도 없는 다용도 살림.
일본인 블로거의 블로그(fabrickaz.jugem.jp)를 구경하다가
만난 작품을 흉내 내어 만들어 본 것이다.
냄비 잡이로 제격이고, 냄비 들고 와서 상에 척 내려놓은 뒤
그대로 냄비 받침으로 쓰기에도 안성맞춤이다.
쓰지 않을 때는 벽에다 가만히 걸어 두기만 해도 딱 예쁘다.

냄비 잡이 & 냄비 받침 1

필요한 재료 앞면_ 베이지 리넨 15×20.5㎝, 뒷면_ 청 해지 원단 15×20.5㎝, 다양한 패턴의 천 적당량씩
부재료_ 얇은 퀼팅솜 14×19.5㎝, 가죽 끈 10㎝

이렇게 만드세요

1 앞면용 베이지 리넨 천과 뒷면용 청 해지 원단은 그림 ①과 같은 사이즈로 재단한다.

2 ①의 그림처럼 퀼팅솜, 앞면, 고리, 뒷면의 순서로 배치한 다음 창구멍을 남기고 박음질한다.
창구멍으로 뒤집은 후 창구멍은 공그르기한다.

3 다양한 패턴의 천은 그림 ③과 같은 순서대로 아플리케를 한다.

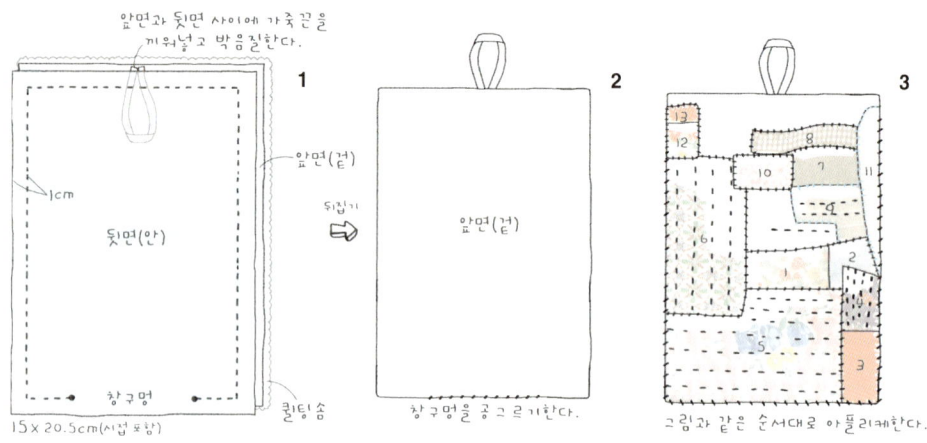

냄비 잡이 & 냄비 받침 3

필요한 재료 앞면 · 뒷면_ 화이트 리넨 11.5×19㎝ 2장, 화이트 · 베이지 · 아이보리 리넨 약간씩
부재료_ 레이스용 실, 방울솜 약간, 가죽 끈

이렇게 만드세요

1 앞면과 뒷면용 화이트, 베이지, 아이보리 리넨 천은 그림 ①과 같은 사이즈로 재단한다.

2 앞면과 뒷면은 그림 ②처럼 패치워크한 다음 무명실 2겹으로 감침질하듯 자유롭게 스티치한다.
베이지 천은 그림처럼 홈질로 패치를 고정시킨다.

3 앞면과 뒷면은 겉끼리 마주대고 사이에 가죽 끈을 끼워 넣은 다음, 창구멍을 남기고 박음질한다.
뒤집어 창구멍으로 솜을 넣은 후 공그르기한다.

4 그림 ④처럼 장식용 레이스 뜨기를 완성한다.

5 ④의 레이스 장식을 그림 ⑤처럼 앞면에 홈질로 고정하고, 창구멍은 무명실 2겹을 사용,
버튼홀스티치를 한다.

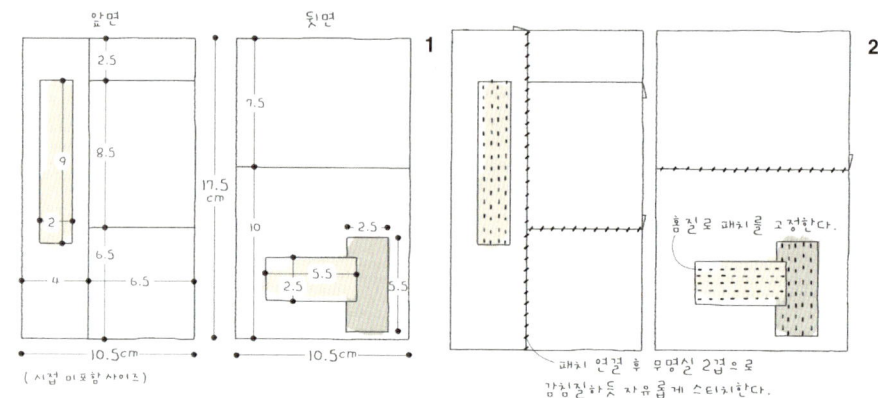

냄비 잡이 & 냄비 받침 2

필요한 재료 앞면 · 뒷면_ 베이지 리넨 11×16cm 2장, 고리용 원단 약간, 부재료_ 퀼팅솜 10×15cm

이렇게 만드세요

1 앞면과 뒷면용 천은 그림 ①과 같은 사이즈와 모양으로 재단한다.

2 앞면과 퀼팅솜은 그림 ②와 같이 마주대고 연두색 실 2겹으로 퀼팅한다.

3 앞면, 고리용, 뒷면의 순서로 배치한 다음 창구멍을 남기고 박음질한다.

4 그림 ③을 창구멍으로 뒤집은 후 공그르기하고, 다시 창구멍 가장자리를 연두색 실 2겹으로 버튼홀스티치를 한다.

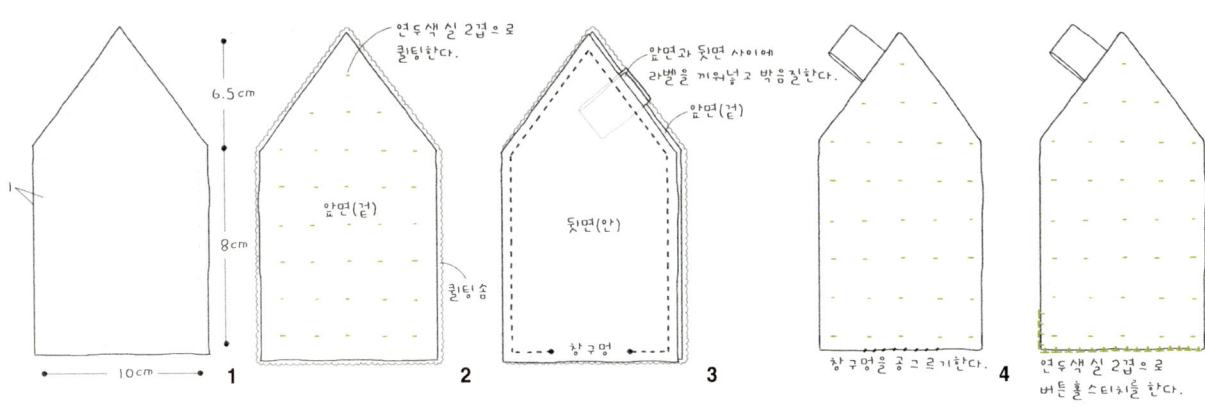

연두색 실 2겹으로 퀼팅한다.

6.5cm

8cm

10cm

1

앞면(겉)

퀼팅솜

2

앞면과 뒷면 사이에 라벨을 끼워넣고 박음질한다.

앞면(겉)

뒷면(안)

창구멍

3

창구멍을 공그르기한다.

4

연두색 실 2겹으로 버튼홀스티치를 한다.

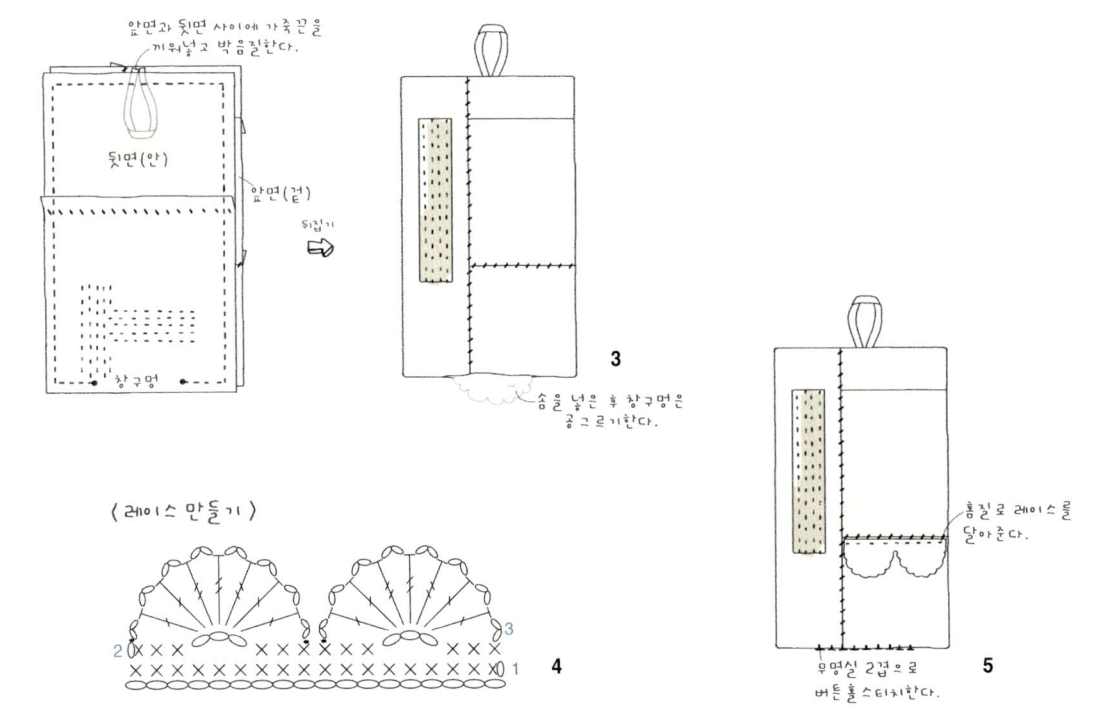

앞면과 뒷면 사이에 가죽끈을 끼워넣고 박음질한다.

뒷면(안)

앞면(겉)

뒤집기

창구멍

3

솜을 넣은 후 창구멍은 공그르기한다.

홈질로 레이스를 달아준다.

〈 레이스 만들기 〉

2

3

1

4

5

무명실 2겹으로 버튼홀스티치한다.

뚝배기는 주방의 필수품이다. 뚝배기 없는 집은 없으니까.

뭘 담아도 착하게, 끝까지 뜨겁게 잘 간직해 주니까.

같은 된장찌개도 뚝배기에 끓이면 더 맛있어 보이는,

일종의 착시 현상까지 가지고 있으니 얼마나 위대한가 말이다.

덕분에 나는 요리할 때 뚝배기를 즐겨 쓰는 편이다.

어느 날, 그 뚝배기에 멸치 넣고 우리다가 문득 생각했다.

우리 집 뚝배기 크기에 딱 맞는 매트 하나 있었으면 좋겠다고.

그래서 그 길로 가스레인지 불 끄고, 우리던 멸치 육수도 중단하고

매트 만들기에 돌입했다. 어쩌려고 성질이 이렇게나 급한지.

수수하게 생긴 뚝배기지만 매트는 세련된 도시 여자처럼!

하얀 리넨 원단에 빨간색 패치 원단을 더하고,

빨간 실로 듬성듬성 바늘땀까지 넣어주니 오호라! 제법 '귀요미'스럽다.

뜨거운 뚝배기를 올렸다가 치워 보니 동그란 뚝배기 자국이!!!

처음엔 가슴을 쓸어내렸는데… 볼수록 정감이 있다. 잘 쓰고 있다는 증거니까.

그럼 한번 만들어 볼까? 만드는 방법은 앞장에서 소개했던

냄비 잡이와 거의 흡사하니 겁먹지 마시길!

농촌 총각처럼 순박한 뚝배기에게 도시 처녀 같은 연인을 만들어 주었다!
야심만만 뚝배기 매트

1 매트의 앞뒤 판이 될 원단을 원하는 사이즈로 재단한 뒤 겉끼리 마주보게 겹쳐 놓는다. 그 위에 앞뒤 판보다 사방 1cm씩 작은 사이즈로 재단한 퀼팅솜을 올린다.

2 고리를 만들어 줄 빨간색 가죽을 폭이 좁고 길게 재단한 뒤 반으로 접어 원단과 원단 사이에 사진과 같이 끼워 넣는다.

3 빨간 실로 사방을 박음질한다. 재봉틀을 사용하면 편하지만 나는 손바느질을 선택했다. 이때 모두 박아 버리면 뒤집을 수 없기 때문에 창구멍을 남겨 놓는다.

4 박음질이 끝나면 뒤집었을 때 모양이 반듯하게 잡히도록 사방 모서리를 사진과 같이 자른다.

5 뒤집어서 창구멍을 박아주면 1차 완성. 지금 상태로도 깔끔하지만 왠지 좀 심심한 느낌이 들어서 약간의 장식을 더해 주기로 했다.

6 패치워크용 조각 천을 적당한 크기로 자른 뒤 원하는 자리에 올리고, 시침핀으로 고정해 놓는다. 자수실로 조각 천을 꿰맨 뒤 대각선 부분에는 빨간 실로 듬성듬성 바늘땀을 넣어서 완성! 나는 앞면에는 빨간색, 뒷면에는 베이지색 조각천을 덧대었다. 예쁜 라벨이 있으면 곁들여 박아도 멋스럽다.

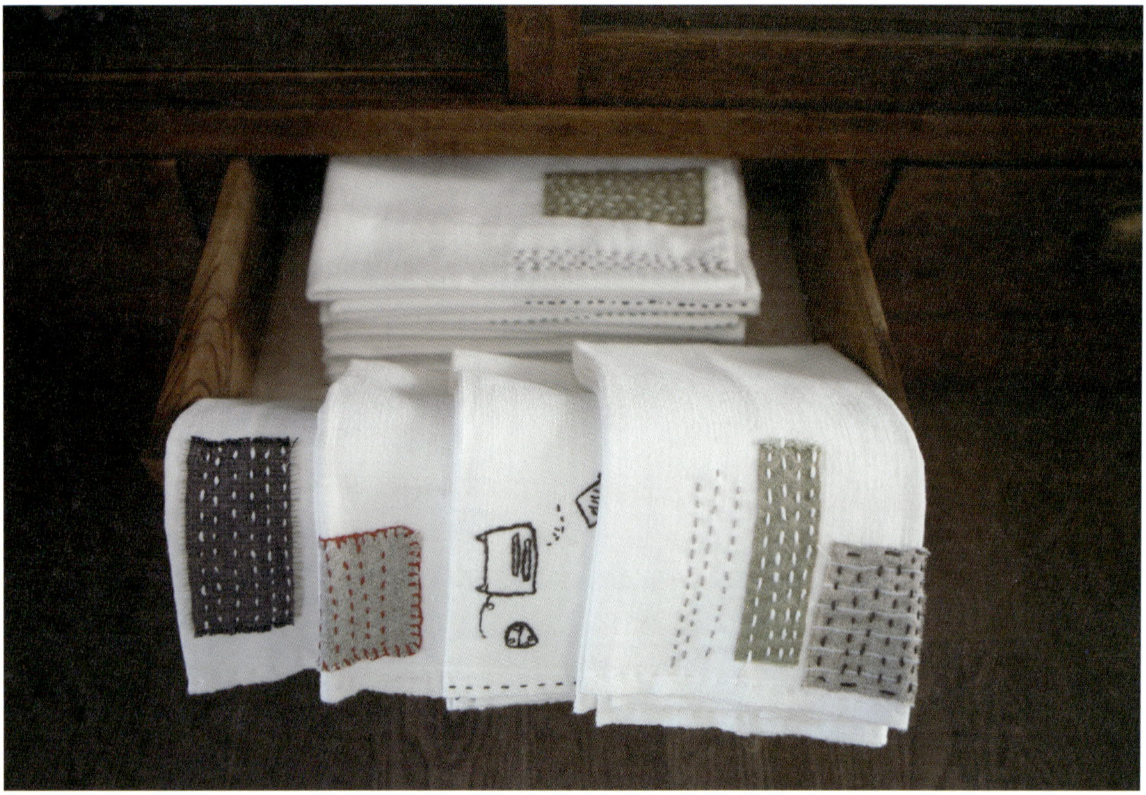

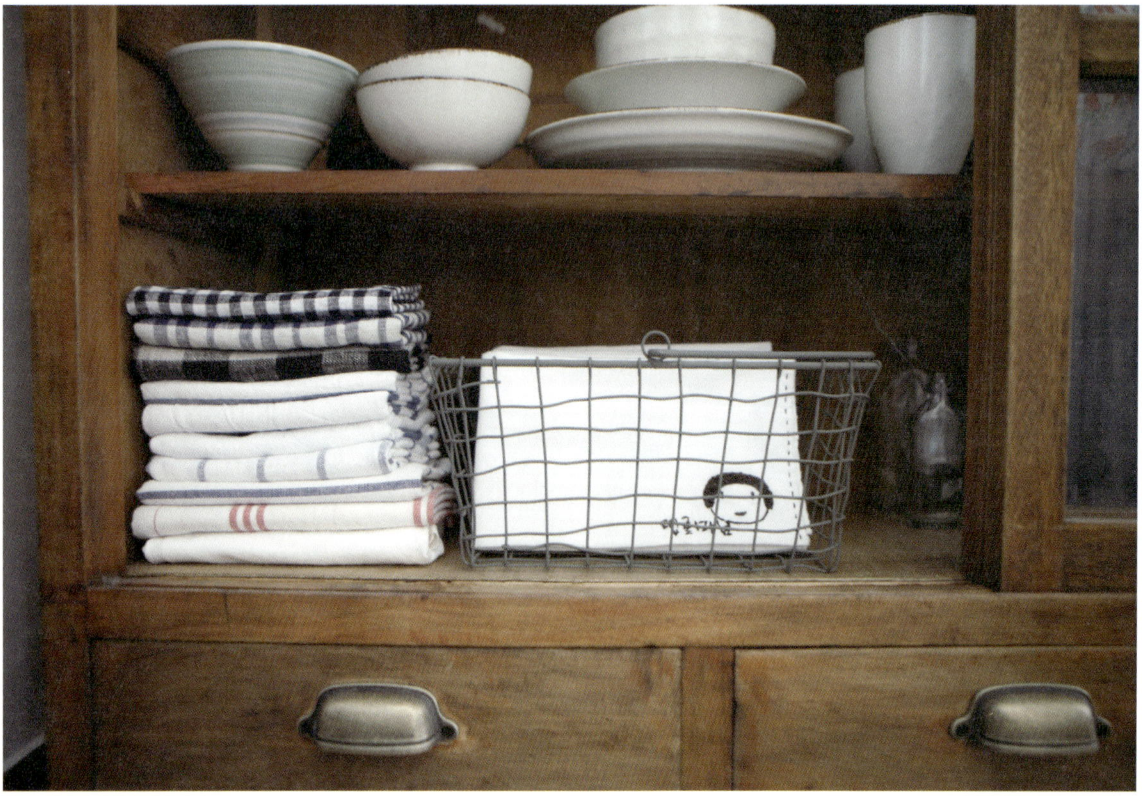

행주에도 저마다의 품격이 있다!
아플리케 장식 행주 만들기

살림이라는 게 여자와 같아서 속이 알찬 것도 중요하지만
생심새도 매우 중요하다는 게 나의 지론이다.
다시 말해 예뻐야 한다는 거다. 예쁜 여자는 무조건 점수를 따고
들어가는 것처럼 말이다. 행주를 예로 들어 볼까?
잘 닦이고, 때가 잘 빠지는 소재도 물론 중요하지만,
쓸 때마다 기분이 좋아지는 예쁜 모양까지 갖췄다면 금상첨화.
그래서 나는 금상첨화 멋쟁이 행주를 만들어 보기로 작정하고,
일단 행주로 쓰기에 좋은 무명 원단을 구입했다.
그리고 나서 짬날 때마다 하나씩, 한 장씩, 장식을 하기 시작한 것이다.
자수도 놓고, 예쁜 조각 천들 얹어서 아플리케도 하고,
자수와 아플리케를 함께 곁들여 완성도를 더욱 높이기도 하면서!
이렇게 만든 행주들은 장식된 면이 잘 보이도록 접어서 착착착 쌓아 둔다.
보기만 해도 벙실벙실 웃음이 나는 사랑스러운 살림들이다.

아플리케 장식 행주

필요한 재료 앞면 · 뒷면_무명 소재의 행주용 원단 적당량,
다양한 컬러의 색실, 조각 천

이렇게 만드세요

1 앞면은 다양한 색실로 자유롭게 홈질로 스티치하고,
  조각 천도 홈질로 아플리케를 한다.
2 앞면과 뒷면은 겉끼리 마주대고 창구멍을 남기고
  박음질한 다음 뒤집는다.
3 창구멍은 공그르기하고, 양옆은 그림처럼 0.5cm로 홈질한다.

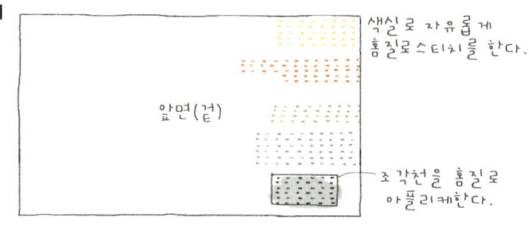

1

앞면(겉)

색실로 자유롭게
홈질로 스티치를 한다.

조각천을 홈질로
아플리케한다.

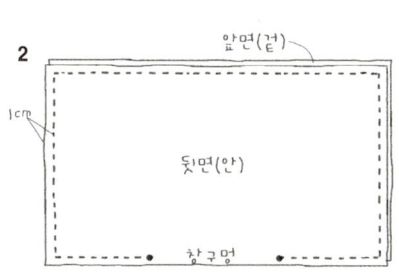

2

앞면(겉)

1cm

뒷면(안)

창구멍

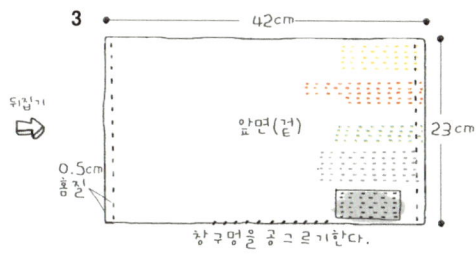

3

42cm

뒤집기

앞면(겉)

23cm

0.5cm
홈질

창구멍을 공그르기한다.

차 마시는 시간에 괜히 우쭐해지는…
정사각형 머그컵 받침 시리즈

머그컵은 커피를 마시기에도, 물을 마시기에도 제격이다.
받침이 없으니 격식을 갖추지 않아도 되고 실용적.
그런데 정작 손님이 찾아왔을 때는 받침 없이 내기가 좀….
그래서 이번에는 머그컵 받침을 만들어 보기로 한다.
아무 원단이나 집 안에 굴러다니는 조각 천 몇 장이면
얼마든지 만들 수 있는 손쉬운 아이템이다.

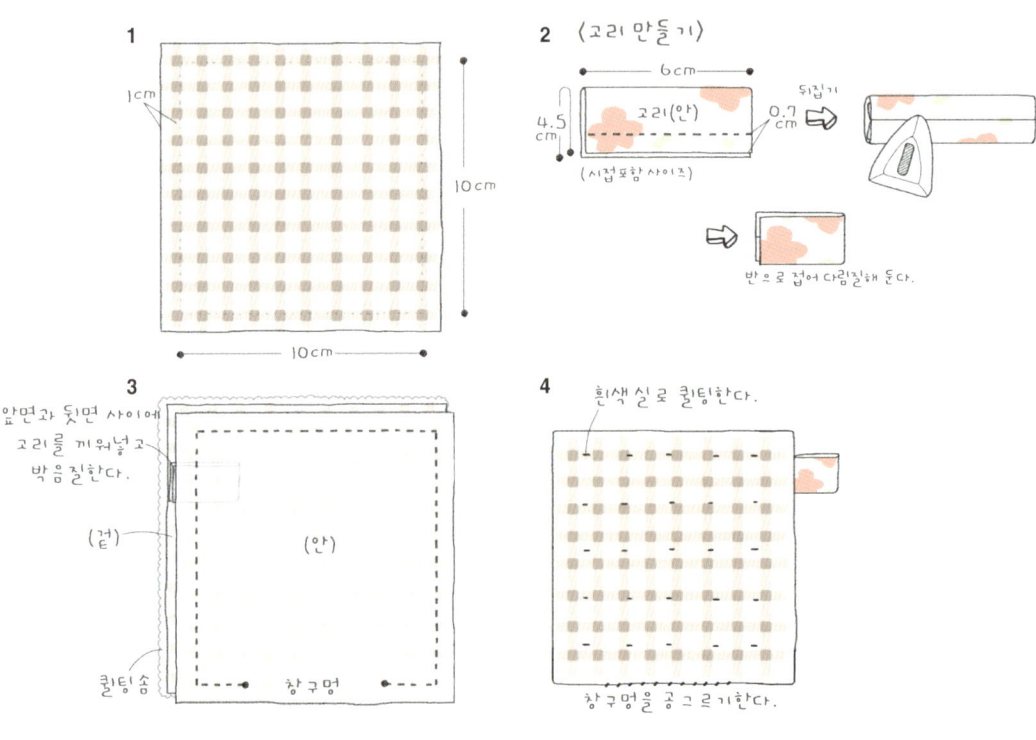

머그컵 받침

필요한 재료 앞면 · 뒷면_다양한 컬러의 체크 & 스트라이프 리넨 10×10㎝
고리_ 6×9㎝(시접 포함), 부재료_ 얇은 퀼팅솜 9×9㎝
이렇게 만드세요
1 다양한 패턴의 천과 고리용 천은 각각 그림과 같은 사이즈로 재단한다.
2 고리는 겉끼리 마주 보도록 반으로 접은 다음 시접을 두고 박음질해 뒤집는다.
   시접을 펼친 상태로 반으로 접어 다림질해 고리를 완성한다.
3 퀼팅솜, 앞면, 고리, 뒷면의 순서로 배치한 다음 창구멍을 남기고 박음질한다.
4 ③을 창구멍으로 뒤집은 후 창구멍은 공그르기하고, 그림처럼 흰색 실로 퀼팅한다.

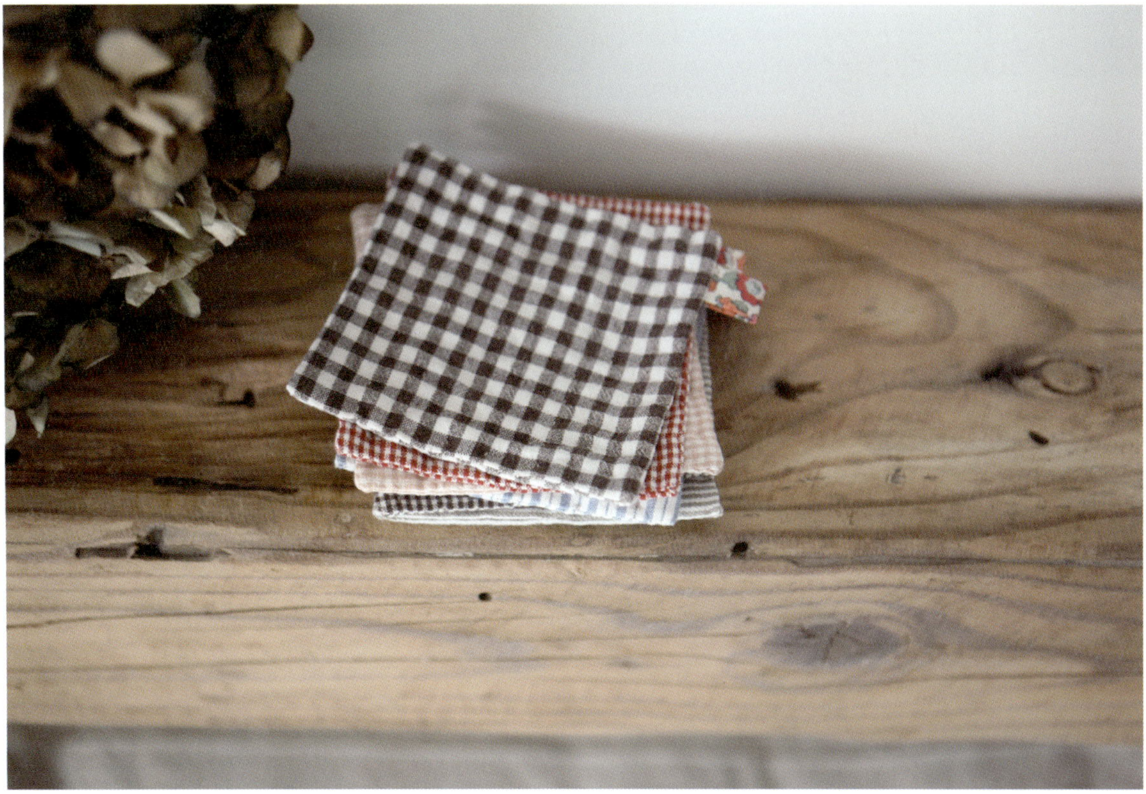

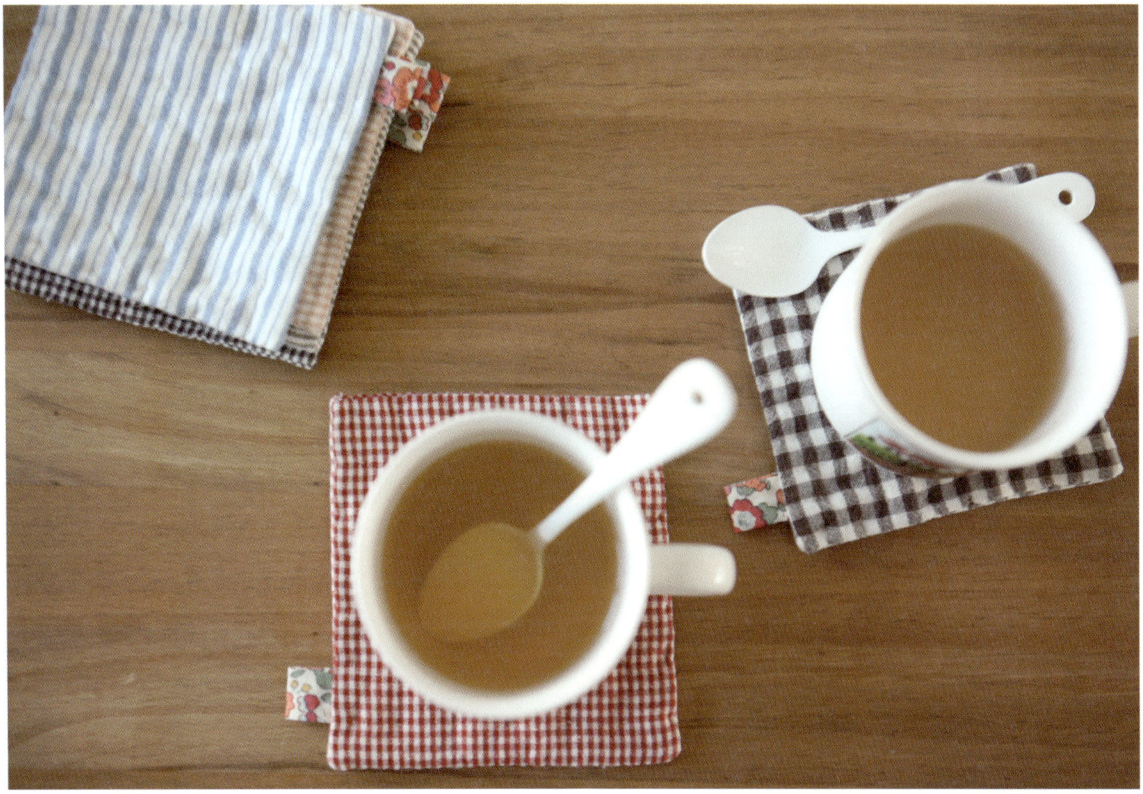

Basket Story

피크닉 갈 때, 살림 수납할 때… 품이 큰 여자를 닮은 사각 바구니가 제격.

뭘 담아 두어도 예쁜 원형 바구니. 사과를 담아 들고 백설공주 잡으러 가야겠다.

손뜨개로 만든 바구니 손잡이

어느 집에나 하나쯤 있을 법한 원형 바구니. 뚜껑이 달려 있어 뭔가 깨끗하게 담아 두기에 딱 좋은데…. 살림의 고수인 척하려면 뭔가 장식이 필요할 듯. 여기 소개한 바구니들은 강남 고속버스터미널 3층 '올리브키스(02-593-1538)' '현대리본(02-535-1122)' '장원바구니(02-535-5549)'에서 구입했다.

뭘 어떻게 해야 할지 너무 깊게 고민할 필요는 없다. 나는 덜컥, 리넨실과 코바늘을 들고 나와 손잡이를 뜨기 시작했다. 한길긴뜨기로 시작해 동글동글 꽃 모양부터 만들면서 형태를 잡아 나갔다.

짧은뜨기, 사슬뜨기 등을 반복해 가면서 만든 코바늘 뜨개 손잡이. 여기서는 굳이 만들기를 소개하지 않을 생각이다. 대바늘이 있으면 대바늘 뜨기로, 솜씨가 없으면 그저 고무뜨기로만 완성해도 손잡이로는 충분하니까. 바구니 손잡이에 끼운 뒤 감침질만 하면 완성.

원형 바구니 커버

여기 보이는 원형 바구니는 원래 이렇게 패브릭 커버가 있었던 것은 아니다. 뭔가 가만히 두지 못하는 나의 오지랖에 의해 새롭게 변신한 일종의 간이 핸드메이드 제품이라고나 할까? 어쨌든 새 옷을 지어 입힌 착한 아이들이다.

만드는 방법을 미리 찍어 두지 못한 관계로 입으로 설명해야 할 듯. 우선 바구니 바닥의 지름을 잰 뒤 밑판을 재단하고, 나머지 몸통 부분을 재단한다. 이때, 손잡이 부분에 맞게 홈을 내야 하므로 절개선을 두는 것이 방법. 우선 몸판을 반으로 접어 박음질한 뒤 밑판을 시침핀으로 고정해 놓고 빙 둘러가면서 박아준다. 박음질이 끝나면 뒤집어주는데 나는 조금 더 멋을 내기 위해 입구 부분에 파란색 실로 한 땀씩 바늘땀을 놓아가며 스티치했다.

완성된 모습. 절개 부분에 긴 끈을 달아 리본으로 묶을 수 있게 하는 것이 방법이다. 이렇게 해야 단단하게 고정시킬 수 있으니까. 끈을 만드는 일이 번거롭다면 그냥 주머니 형태로 만들어서 씌워도 무방하다.

사각 바구니 덮개

모든 바구니에 뚜껑이 달려 있는 것은 아니다. 오히려 대부분의 바구니에는 뚜껑이 없는 것이 일반적. 그런데 바구니에 뭔가 담아서 들고 나가거나, 살림살이를 담아 수납해 둘 때도 덮개가 하나쯤 필요하기 마련. 나는 꽃무늬 원단과 무지 원단을 앞뒤 판으로 삼아 덮개를 만들기로 했다.

사실 방법이랄 것도 없다. 원하는 크기로 재단한 원단 가장자리의 올을 풀어 자연스럽게 겉에서 홈질하여 두 장의 원단을 연결한다. 어떤 원단을 사용하는가에 따라 느낌이 달라지는, 쉬운 바느질이므로 한번쯤 도전해 보시길.

홈질이 끝난 두 장의 원단을 길이로 반으로 접은 뒤 접힌 면에 긴 끈을 달아 준다. 같은 원단으로 끈을 만들어 달아도 좋고, 면 끈이나 가죽 소재의 끈을 부착해도 예쁘다. 바구니 위에 덮은 뒤 긴 끈을 리본 모양으로 손잡이에 고정해 묶으면 바람이 불어도 날아갈 염려 없이 안전하다.

제멋대로, 내 멋대로, 정말 아무렇게나…

가지각색 바구니 장식하기

집 안 곳곳에 세팅되어 있는 나의 바구니들. 종류도 크기도 다양하지만 그 쓰임새도 무궁무진하다.

뭘 담지 않아도 그저, 바구니 자체로도 장식 효과 만점이다.

새로 구입한 책들을 담아 두는 장바구니 모양의 라탄 바구니.
털실 뭉치들이 가득 담긴 양동이 모양의 철제 바구니. 뭘 담아도 좋구나, 좋아!

"내가 아직 아가씨였을 때 향주머니는
그저 핸드백 속의 필수품이었다.
가방을 열 때마다 솔솔 풍겨 나오는 품격 있는 향기가
왠지 나를 업그레이드 시켜주는 것 같았으니까.
그러니까 한마디로 실용보다는 멋내기용이었던 셈이다.
그런데 결혼을 하고 살림에 재미가 붙은 뒤,
요거 요거! 요 향주머니가 무지하게 실용적인
살림이라는 걸 알게 되었다. 옷장에 넣어 두면
쾨쾨한 먼지 냄새도 싹 잡아먹고,
서랍에 넣어 두어도 기분 좋은 향이 솔솔.
베개 속에 라벤더 향주머니를 넣어 두면 숙면을
취하는 데 도움까지 주니 얼마나 좋은가 말이다.
게다가 지인들에게 하나씩 선물하기에도
은근히 폼이 나는… 썩 괜찮은 아이템이다."

Lavender Sachet

1 라벤더 포푸리를 샀다. 잔뜩 샀다. 여러 개 만들 작정이기도 했지만, 그런 작정이 없었다고 해도 이만큼은 샀을 거다. 왜냐하면 워낙 손이 큰 편이라서! 라벤더 포푸리는 아로마 전문 숍에서 구할 수 있다. 요즘은 온라인 판매를 하는 곳도 많으니 검색창에 '라벤더 포푸리'라고 친 다음 마음에 드는 매장을 찾는 것도 좋다.

2 라벤더 포푸리를 샀으니 이번에는 주머니를 만들 차례다. 주머니 만들기야 따로 설명이 필요 없을 정도로 매우 쉽다. 원단은 리넨이나 거즈, 마 같은 천연 소재로 선택하는 것이 방법. 준비한 원단을 원하는 크기로 두 장 재단한 뒤 겉에서 홈질로 바느질한다. 걸어 둘 수 있도록 끈을 창구멍에 끼운 뒤 마무리하면 완성. 참! 창구멍을 박기 전에 라벤더 포푸리를 넣을 것. 안 그러면 컵 받침이 되기 십상이니까.

3 라벤더 포푸리를 얼마나 넣어야 하는지 묻는 독자들은 설마 없겠지? 왜냐하면 내 맘대로 넣으면 되니까. 듬뿍 넣어서 향을 진하게 풍길 수도 있고, 야박하게 넣어서 무늬만 사셰로 만들 수도 있다. 나는 그냥 적당하게 넣었다. 한 번에 너무 많이 넣으면 주머니를 많이 만들 수 없으니까.

잠도 잘 오고, 피로도 풀어주고…
허브 세계를 주름잡는 귀족 같은 향

라벤더 향주머니(사셰 sachet)

라벤더 향주머니를 꽤 여러 개 만들면서 찍은 사진을
책 만드는 편집 팀으로 들고 갔다가 기절할 뻔했다.
기획자들이 원망의 아우성을 치는 바람에!
"어머머! 이걸 다 만들고 어떻게 빈손으로 오실 수가 있어요?"
"못 살아! 우리 이거 엊그제 일본 가서 비싼 돈 주고 잔뜩 사왔는데!"
"우리 집 속옷 서랍에 지금 딱 이거 필요한데! 아이 속상해!!!!"
그동안 숱하게 많은 살림들을 만들고 또 보여주었지만
이 아이처럼 열화와 같은 성원을 받아본 것도 드물었지 싶다.
그러니까 여자들, 특히 살림하는 주부들이란
너나할 것 없이 향기에 목이 마른 것 같다.
생선 냄새, 남편 땀 냄새, 먼지 냄새, 김치 냄새….
지독한 생활의 냄새들이 배어 있는 현실적인 공간에
꿈을 불어넣어 주고 싶은 모양이다.
향주머니나 하루 종일 만들어서 어디 좌판 펴고 앉아 팔아 볼까?
슬쩍 발동이 걸리기도 했던 문제의 작품이다.

**sachet : ❶(옷에 넣고 다니는) 향주머니,
(주머니에 넣는) 향 가루. ❷작은 봉지**
그러니까 이 귀족 같은 살림의 이름을
사셰라고 부른다. 이름도 향기만큼이나
지적인 느낌이다. 라벤더를 넣으면
라벤더 사셰, 라일락을 넣으면 라일락 사셰!
작은 봉지라는 의미인데, 향주머니란 뜻을
갖고 있기도 하다.

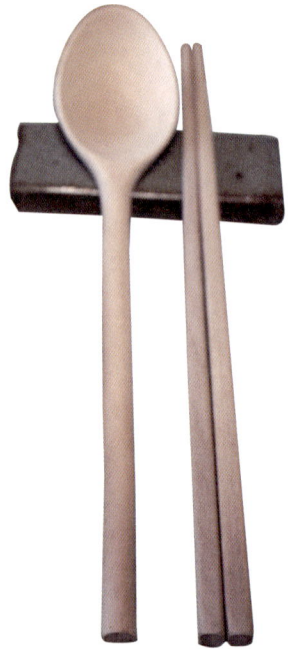

Spoon & Chopstick

Spoon & Chopstick Case

숟가락, 젓가락, 포크, 나이프…
굴러다니는 살림들을 진압하기에 딱 좋은

커트러리 케이스 만들기

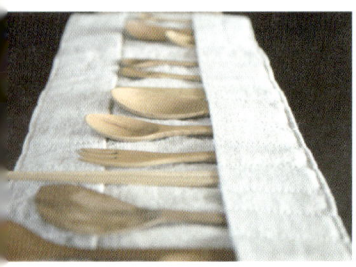

식구라고는 달랑 남편과 나 그리고 남동생까지

셋이 전부이면서 숟가락, 젓가락은

전 국민이 다 써도 좋을 만큼 많다.

이 또한 살림 욕심 많은 내가 지름신이 내려

저지른 일이지만….

어쨌든 유난히 손님이 많다는 점을 감안하면

때때로 요긴하게 쓰이는 살림들이다.

그런데 그중에서도 유독 아끼는

녀석들이 있게 마련.

그런 아이들은 특별 관리가 필요하다.

잘못해서 짝을 잃어버리기라도 하는 날에는

낭패 보기 십상이니까.

그래서 커트러리 케이스를 만들었다.

커트러리 케이스

필요한 재료 겉감·안감_ 베이지 컬러의 두꺼운 리넨(10수 이상) 75×42㎝
끈_ 꽃무늬 천 120×3.4㎝(시접 포함)

이렇게 만드세요

1 겉감과 안감은 그림 ①과 같은 사이즈로 재단한다.

2 겉감과 안감은 겉끼리 마주 댄 다음 창구멍을 남기고 박음질한다.
  창구멍으로 뒤집은 후 공그르기한다.

3 위아래 각각 7.5㎝ 폭으로 접은 후 사방 가장자리를 박음질한다.
  이때 시접은 0.5㎝를 둔다.

4 그림처럼 무명실 2겹을 사용, 홈질로 칸을 나눈다.
  이때 뒷면은 바늘땀이 보이지 않도록 홈질한다.

5 커트러리 케이스용 끈은 양옆 시접을 접은 후 위아래 시접을 접고
  반으로 포개어 다림질한다. 양옆과 아래 부분은 홈질로 마무리한다.

6 위아래는 무명실 2겹을 사용, 홈질로 마무리한다. 이때 뒷면은 바늘땀이
  보이지 않도록 홈질한다. 적당한 위치에 리넨 테이프를 고정시키고, 그림처럼 끈을 단다.

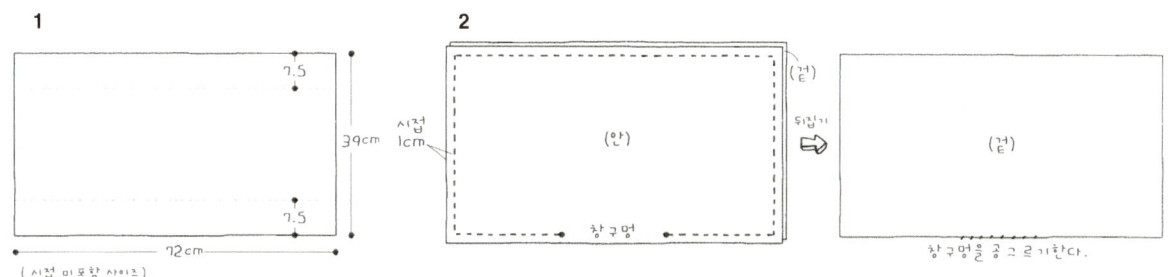

1

7.5

39cm

7.5

72cm

(시접 미포함 사이즈)

2

시접
1cm

(안)

창구멍

(겉)

뒤집기

(겉)

창구멍을 공그르기한다.

3

7.5cm

7.5cm

0.5cm

아래 위를 접은 후 테두리를 박음질한다.

4

무명실 2겹으로 홈질을 해서 칸을 나누어 준다.
(뒷면에는 바늘땀이 보이지 않게 한다)

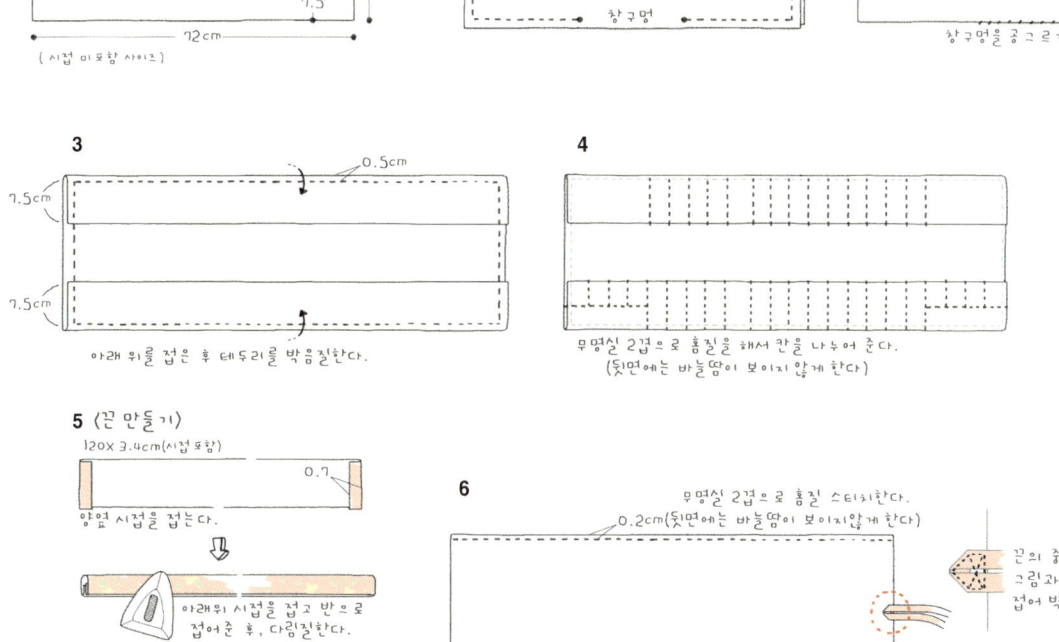

5 〈끈 만들기〉

120×3.4cm(시접 포함)

0.7

양옆 시접을 접는다.

아래위 시접을 접고 반으로
접어준 후, 다림질한다.

홈질한다.

6

무명실 2겹으로 홈질 스티치한다.
0.2cm(뒷면에는 바늘땀이 보이지 않게 한다)

끈의 중앙 지점에서
그림과 같이
접어 박음질한다.

1cm폭의 리넨테이프를 6.5cm로 잘라
양옆 시접을 접어 빨간색실로 고정해 준다.

솜구름이 떴다! 오늘은 핀 쿠션 만드는 날

바느질하는 여자에게는 값진 살림

바느질 안 하는 여자에게는 쓸데없는 살림

나의 핀 쿠션 이야기

소파 쿠션을 쏙 빼닮은 네모돌이 핀 쿠션

하하하하하하하! 왜 웃는가 하면… 내가 생각하기에도
나는 너무 과한 여자인 것 같아서다.
필요한 게 있으면 사면 되고, 만들고 싶다면
한두 개 만들면 되지.
언제나 이렇게 넘치게 많은 양을 구비하는 이유는 뭘까?
곰곰이 생각해 보니 사진 찍으려고 그러는 거다.
사진을 풍성하게 찍어 보려고.
어쩌랴. 태생이 손이 큰 것을.
그러니 방법은 없다. 생긴 대로 사는 거니까.
어쨌든 이번에는 핀 쿠션이다. 핀 쿠션의 기본은
역시 사각 디자인이다.
소파 쿠션 만들기를 그대로 따라하되 미니 사이즈로만
만들면 된다.
나는 다양한 패턴의 원단으로 사각 핀 쿠션을 만들었는데
정사각형, 직사각형… 크기와 모양을
다양하게 잡았더니 의외로 쓰임새가 높은 편이다.
만드는 방법은?
재단한 두 장의 원단을 겉끼리 마주보게 놓고
창구멍을 남긴 뒤 박음질해
살짝 뒤집어 솜을 채우고 창구멍은 공그르기로 마무리한다.

쿠키 틀에, 호두 껍데기에 만들어본 원형 핀 쿠션

핸드메이드가 즐거운 이유는 나만의 감각을 마음껏
담을 수 있다는 것. 내다 팔 것도 아니니 솜씨 걱정을
할 필요도 없다. 그러니 만사 오케이다.
나는 가능하면 세상에 둘도 없는 '띵굴마님표' 작품을
만들기 위해 수시로 머리를 쥐어짠다.
이른바 잔머리를 굴리는 것이다.
핀 쿠션에도 그런 잔머리를 발휘해 보았다.
아니, 어쩌면 어딘가에서 지나치듯 보았던 것일 수도!
사각 핀 쿠션 여러 개를 만들었으니 이번에는
원형 핀 쿠션이다. 그런데 원형은 데굴데굴 굴러다니는
특성이 있으니 얌전히 있게 할 몸판이 필요했다.
살짝 고민 끝에 생각해 낸 두 가지 아이템은
호두 껍데기와 쿠키 틀. 동그랗게 자른
원단 가장자리를 시침질하여 쭉 잡아당기면
봉긋한 꽃 모양이 된다. 그 안에 솜을 채운 뒤
꽁꽁 여며 박음질하면 쿠션 완성.
이렇게 만든 쿠션을 반으로 쪼갠 호두 껍데기 안에 넣거나
작은 쿠키 틀 혹은 머핀 틀에 넣어 고정시킨다.
고정 시키는 방법은 글루건을 이용하는 것.

호두 껍데기를 부서지지 않게 반으로 쪼개려면 일자 드라이버를 호두의 틈에 맞추고 망치로 쿵, 스냅을 준다.

Knit & Knitting

가사 시간에 더 열심히 배워둘 걸!
후회하면서 뜨고, 또 뜨는

따뜻하고 기분 좋은 뜨개질 보고서

동그란 것, 네모진 것
딱딱한 스툴 위에 알록달록 꽃이 피었다

3품 3색, 뜨개 스툴 커버

스툴은 내가 좋아하는 물건 중 하나다.
하긴… 내가 좋아하지 않는 물건이 어디 있을까.
굳이 그 이유를 따져 본다면 쓸모가 많아서다.
일단 의자다. 스툴이란 등받이 없는 의자를 지칭하는 말이니까.
식탁 밑에, 테이블 밑에 존재감 없게 쏙 넣어 두어도 좋으니
참 착하고 원만하다. 좁은 집에서는 이만한 재간둥이도 없다.
그런데 의자로만 쓰는 것이 아니다. 사이드 테이블도 된다.
침대 옆에, 소파 옆에 얌전히 두고 쓰면
찻잔이나 책이나 그런 걸 올려 두기에 좋다.
장식용 콘솔이 되기도 한다. 스탠드나 꽃 같은 것쯤,
너끈히 받아주는 성품이니 말이다.
이렇게 재주 많은 스툴을 칭찬해 주고 싶어서
털실 옷을 만들어 주었다. 애들이 몰라보게 예뻐졌다!

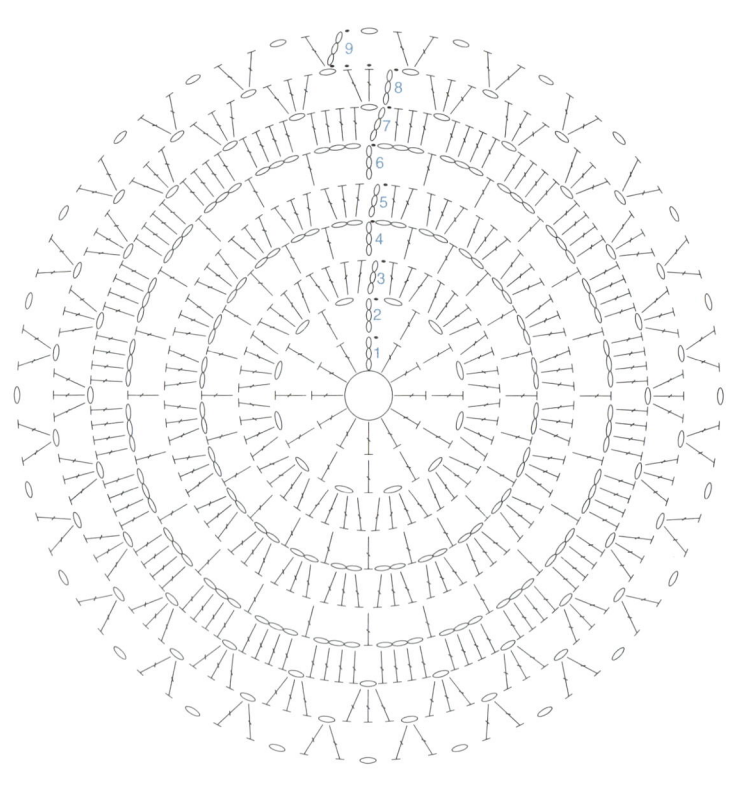

빨간색 원형 스툴 커버

필요한 재료 빨간색 실(3겹), 모사용 코바늘 7호
이렇게 만드세요

1 한길긴뜨기 12코를 한 단 뜬다.

2 그림과 같이 늘려가며 7째 단까지 뜬다.

3 8째 단은 한길긴뜨기 3코와 사슬뜨기를 반복해
떠서 코를 줄인다.

4 9째 단은 한길긴뜨기 2코와 사슬뜨기를 반복해 떠서
코를 줄여 마무리한다.

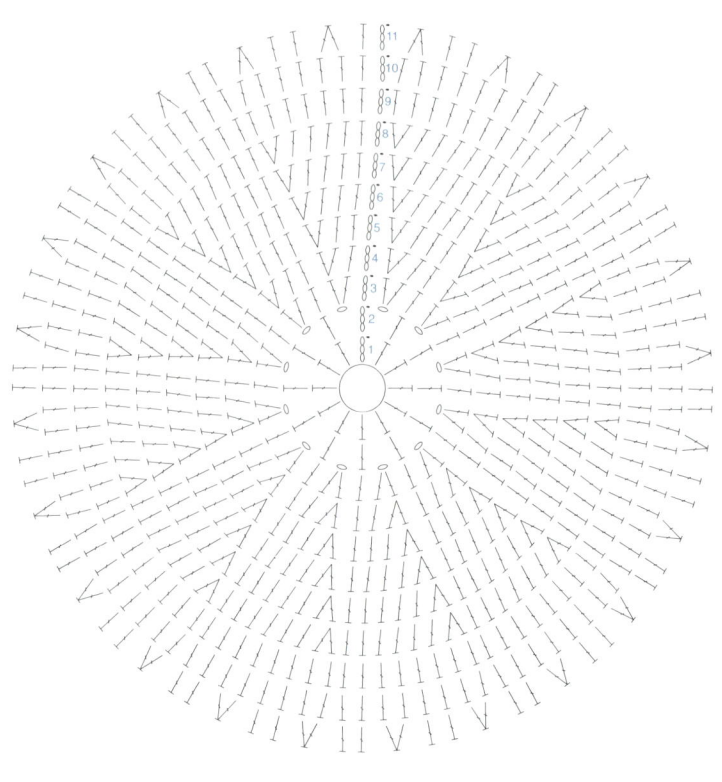

흰색 원형 스툴 커버

필요한 재료 흰색 슬립 실(1겹), 모사용 코바늘 7호
이렇게 만드세요

1 한길긴뜨기 12코를 한 단 뜬다.

2 그림과 같이 늘려가며 8째 단까지 뜬다.

3 9~10째 단은 늘림 없이 한길긴뜨기를 96코 뜬다.

4 11째 단은 한길긴뜨기 2코와 한길긴뜨기 2코
모아뜨기를 반복해 떠서 코를 줄여 마무리한다.

사각 스툴 커버

필요한 재료 헤라울, 모사용 코바늘 5호

이렇게 만드세요

1 그림과 같이 모티브를 뜬다.

2 모티브를 빼뜨기로 연결해 가며 총 24장을 뜬다.

3 연결한 모티브 테두리를 한길긴뜨기 3코와
　사슬뜨기 1코를 반복해 가며 7단을 뜬다.

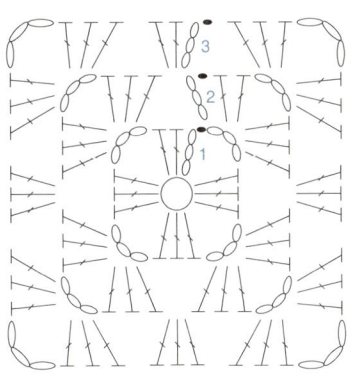

단마다 총 60개의 무늬를 늘림없이 뜬다.

차가운 도자기 소재의 전등갓
불빛만으로는 덥혀지지 않는 살림 위에

뜨개옷 해 입히기

우리 집 식탁 위에는 도자기 소재의 전등이 있다.

옛날 다락방 느낌도 나는 게 아늑하고 좋아서 구입했는데

오래 쓰다 보니 좀 싫증도 나는 데다

뭔가 새 옷을 해 입히고 싶은 욕심이 생겼다.

원단을 붙이기는 좀 궁색하고, 무슨 좋은 방법이 없나?

약간의 고민을 하다가 뜨개옷을 만들기로 했다.

봄여름 그리고 가을 초반까지는 얇은 실로 짠 옷을,

늦가을에서 겨울까지는 두툼한 겨울옷으로!

두 벌의 옷을 만들어 입혀 주었더니 세상에 단 하나뿐인

우리 집만의 전등갓이 되었다.

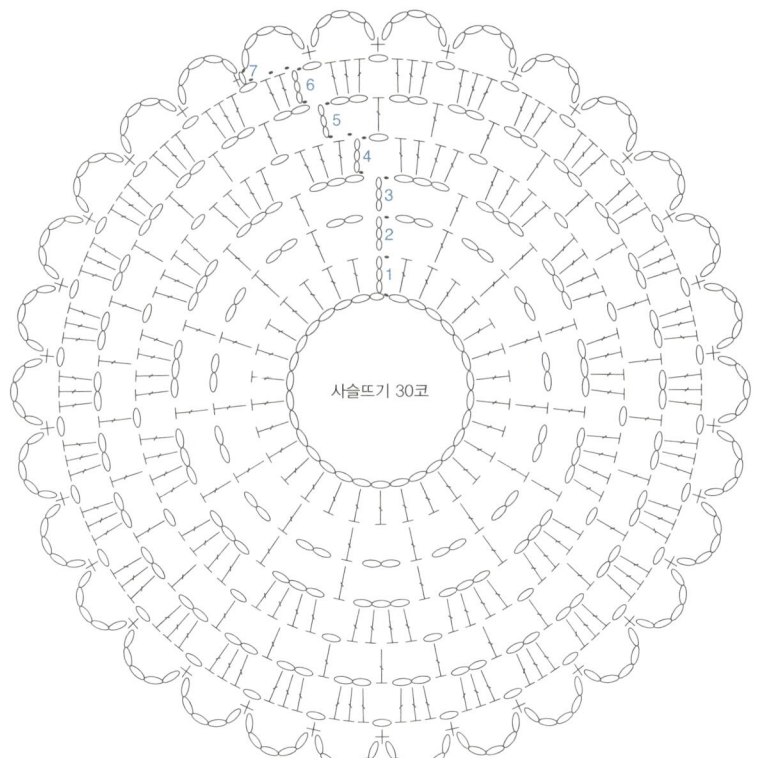

사슬뜨기 30코

전등 커버

필요한 재료 브라운 컬러 키즈 모헤어,
모사용 코바늘 5호
이렇게 만드세요
1 사슬뜨기 30코로 원형을 만든다.
2 한길긴뜨기 30코를 한 단 뜬다.
3 그림과 같이 늘려가며 6째 단까지 뜬다.
4 짧은뜨기와 사슬뜨기 5코를 반복해
  마무리 단을 뜬다.

하다하다 이제는 방문 손잡이까지!
심심한 날 색색으로 공들여 만들어본

방문 손잡이 커버

신혼집에 가보면 반드시 구비되어 있는 것 중
하나가 방문 손잡이 커버다.
아니, 사실은 살림이란 살림마다
온통 커버가 덮여 있다. 냉장고 손잡이 커버,
전자레인지 커버, 식탁보에
의자 등받이 커버까지….
그런데 사실, 시중에서 판매하는
커버란 커버들은 조금 촌스럽다.
그래서 생각도 않고 살았다.
그런데 어느 겨울 날, 손잡이의 감촉이
너무 차갑다고 느끼는 순간
나는 벌써 커버를 뜨고 있었다.
그것도 색색으로.
방마다 다르게 입혀도 좋고, 어느 한 군데만
돌려가며 입혀도 좋고!
만들고 나면 은근히 감동이 남는
손잡이 커버 한번 만들어보자.

방문 손잡이 커버

필요한 재료 헤라울, 모사용 코바늘 5호

이렇게 만드세요

1 한길긴뜨기 12코를 한 단 뜬다.

2 그림과 같이 늘려가며 4째 단까지 이어나간다.

3 5~8째 단까지 늘림 없이 한길긴뜨기로 계속 뜬다.

4 9째 단은 한길긴뜨기와 사슬뜨기를 반복해 가며 뜬다.

5 그림과 같이 10~11째 단을 뜨고, 짧은뜨기와 사슬뜨기
  5코를 반복해 가며 마무리 단을 뜬다.

6 끈은 사슬뜨기 60코에 빼뜨기로 마무리한 뒤
  커버에 끼운다.

다방 언니들이 들고 다니던 구식 디자인의 빨간 보온병 하나 샀다.

아끼면서 두고두고 귀하게 쓰려고 뜨개질로 싸개 하나 제대로 떴다.

따끈하게 보온해 주는 보온병이 고마우니까,
한 겹 씌워 놓으면 더 따끈할 테니까···

벙어리장갑 같은 뜨개 보온병 싸개

요즘에는 물을 들고 다니는 게 트렌드가 되었다.

물만 들고 다니는 게 아니라 커피도 들고 다니고,

각종 차도 끓여서 들고 다닌다.

그러다 보니 일명 텀블러(tumbler)라는 게 대유행이다.

텀블러란 '손잡이 없는 컵'이라는 뜻이지만

그냥 너도나도 들고 다니는 핸디한 용기를 일컫는 말로 쓰이고 있다.

나도 유행에 뒤질세라, 보온병 구입 작전에 돌입했다.

일반적인 디자인은 사절! 나는 복고풍 디자인의 뚜껑 컵이 있는,

그런 보온병을 구입했다. 그것도 빨간색으로.

워낙 마음에 들다 보니 자꾸 아끼게 되고,

플라스틱 소재로 마감된 것이라 스크래치가 생기는 것도 걱정이었다.

그래서 또 떴다. 내 기분, 내 감각에 딱 맞는 보온병 싸개 하나!

제대로 떠서 들고 나갔더니 모두들 어디에서 샀느냐고 관심을 보였다.

물론, 안 가르쳐 줬다!!!

보온병 싸개

필요한 재료 빨간 모헤어, 베이지 컬러 램스울, 모사용 코바늘 7호
이렇게 만드세요

1 짧은뜨기 14코를 한 단 뜬다.

2 2째 단부터 7째 단까지 7코씩 늘려가며 뜬다.

3 8째 단부터 34째 단까지 늘림 없이 짧은뜨기를 56코씩 뜬다.

4 35째 단부터 베이지색 실을 연결하여 4코를 제외하고 52코씩 44째 단까지 일자형으로 뜬다.

5 45째 단은 짧은뜨기 52코를 뜨고, 사슬뜨기 4코를 떠서 다시 원형으로 만든다.

6 53째 단까지 짧은뜨기를 56코씩 뜬다.

7 54째 단은 두길긴뜨기를 뜬다.

8 짧은뜨기를 56코씩 2단을 더 뜨고 그림과 같이 마무리 2단을 뜬다.

9 35~44째 단에 만들어 놓은 구멍을 붉은 실로 테두리를 따라 빼뜨기로 둘러준다.

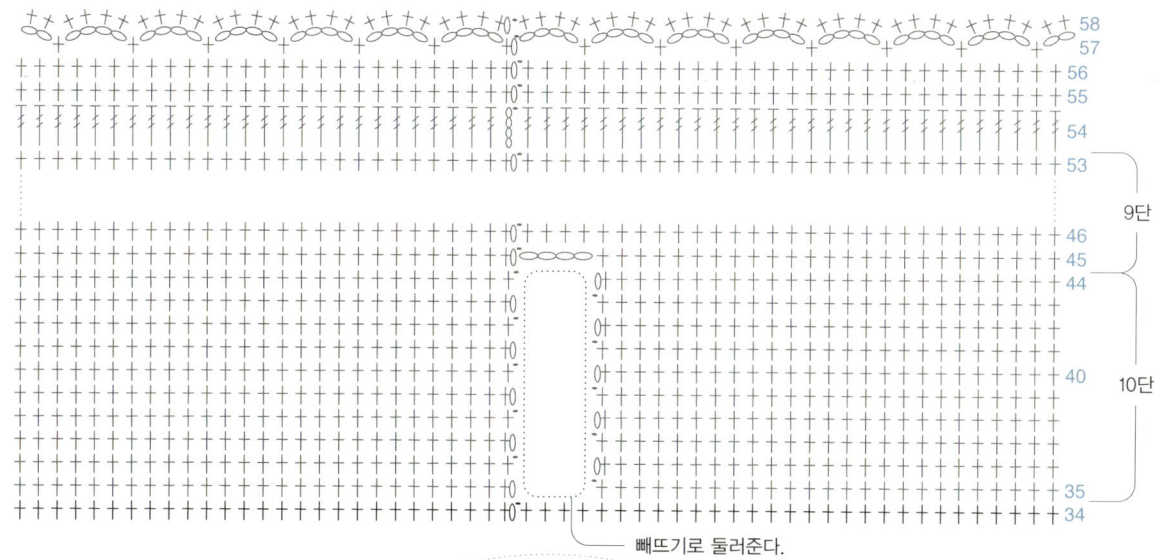

└─ 빼뜨기로 둘러준다.

34단까지 늘림 없이 짧은뜨기 한다.

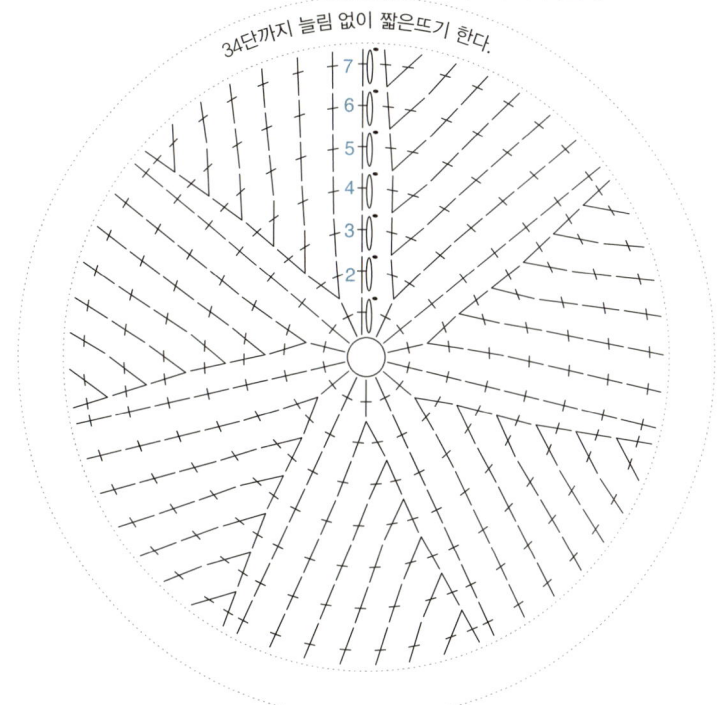

Mug Cup Knit Warmer

찻잔도, 마음도, 식지 않았으면 좋겠다
늘 처음 그대로였으면…

손뜨개 머그컵 워머 만들기

오래전, 일본 여행길에 처음으로 티 포트 워머를 보았다.

홍차가 맛있는 집이있는데 멋쟁이 주인이 티 포트를 테이블 위에

내려놓고는 주방 장갑처럼 생긴 워머를 씌워주고 가는 것이었다.

사소한 배려에 푹 빠져들기 좋아하는 나는 그 워머를 만나자마자

두 눈에서 하트를 쏟았다. 예쁘기도 하거니와 그렇듯 자상한 배려에 반해서였다.

겨울, 레깅스 위에 두툼한 워머 하나 덧입으면 뼛속까지 덥혀지는 느낌.

그것처럼 머그컵 워머가 꼭 그렇다.

이까짓 게 뭐 그렇게 따뜻하겠어?… 하면서 무시하기 쉽지만

생긴 것보다 은근히 보온력이 높은 편이다.

커피나 차를 조금 더 오래 따끈하게 즐길 수 있으니 사랑스럽기까지 하다.

머그컵 워머

필요한 재료 헤라울, 모사용 코바늘 5호

이렇게 만드세요

1 한길긴뜨기 12코를 한 단 뜬다.

2 12코씩 늘려가며 2째 단, 3째 단을 뜬다.

3 늘림 없이 5째 단까지 원형으로 뜬다.

4 6째 단부터 한길긴뜨기 36코를 일자형으로 뜬다.

5 8째 단부터 2코를 늘리고 10째 단까지 늘림 없이 일자형으로 뜬다.

6 사슬뜨기 6코를 뜬 후 9째 단에서 빼뜨기해 마무리한다.

7 단추로 장식한 펠트를 홈질로 달아주고, 옆면에 단추를 달아 마무리한다.

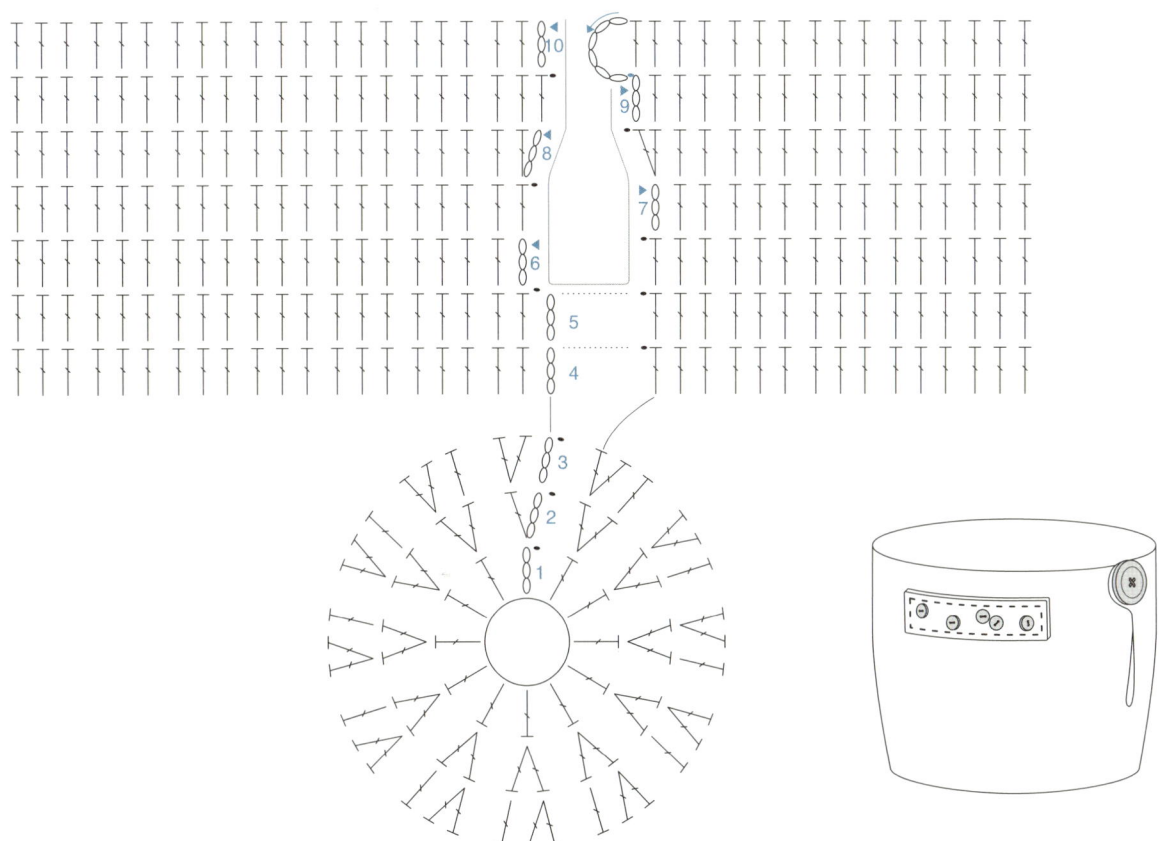

"거실 소파 테이블 한가득 털실을 늘어놓고 앉아서 뜨개질을 한다.

뭘 좀 하면 언제나 이렇게 거하게 판을 벌리는 성격이라,

내가 뜨개질을 시작함과 동시에 우리 집은 편물점처럼 변신하고 마는 것이다.

뜨개질을 하다 보면, 한 코 또 한 코 늘려가면서 무언가를 만들다 보면

마음속에 찜찜하게 남아 있던 세상살이의 근심들이 어느 순간 사라진다.

오래전, 우리 엄마가 내 옷과 동생 옷을 일일이 떠 입혔던 그 정성도 어쩌면

이런 마음이었을까? 파도치는 마음을 다독이려고, 낙서장 같은 마음을

다시 깨끗하게 되돌려 보려고 말이다. 그러니까 뜨개질은

사는 고달픔을 쓱쓱 지워 없애는 지우개 같기도 하다."

찻잔 밑에 깔아주면 행복한 티타임이 되는,
별것도 아닌데 이상한 위력을 발휘하는

코바늘로 완성한 동글동글 컵 받침

뜨개질로 만든 살림들을 소개하다 보니 괜히 좀 부끄러워졌다.
대단하게 자랑할 만한 솜씨도 아니면서 괜히 이러는구나,
싶은 마음?
옷도 아니고, 테이블클로스도 아니고, 그저 냄비 받침에
컵 받침 같은 조무래기들만 쏟아놓고 있는 미안함 같은 것?
하루 빨리 내공을 더 쌓아서 머지않은 어느 날, 더욱 폼 나는
뜨개 살림 만들기를 소개하겠다고 괜한 다짐도 해보는 순간이다.
뜨개 편의 마지막은 컵 받침이다. 이번에는 동글동글,
꽃잎 같은 모양의 아이들로 시리즈를 만들어 보았다.
그중에서도 한 가지 실로 완성한 것과 몇 가지 실을 섞어서 만든
무지개떡 같은 컵 받침, 이 두 가지를 소개한다.

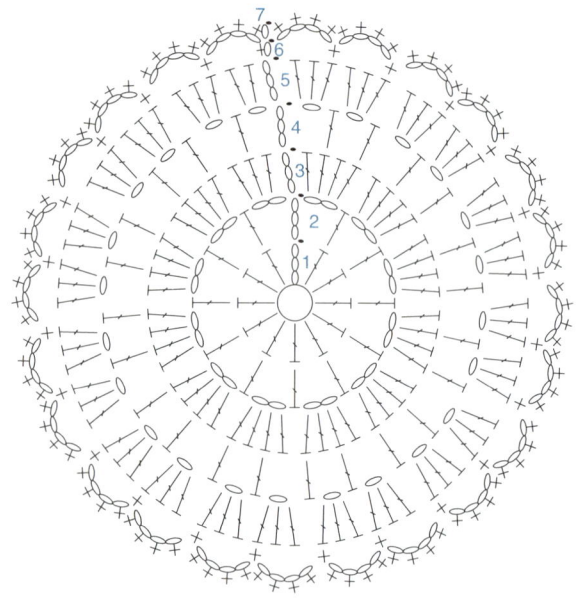

화이트 컵 받침

필요한 재료 헤라울, 모사용 코바늘 5호
이렇게 만드세요
1 한길긴뜨기 12코를 한 단 뜬다.
2 그림과 같이 늘려가며 5째 단까지 뜬다.
3 짧은뜨기 1코, 사슬뜨기 4코를 반복하며 총 24가지 무늬를 만든다.
4 짧은뜨기로 마무리한다.

배색 컵 받침

필요한 재료 헤라울, 모사용 코바늘 5호
이렇게 만드세요
1 한길긴뜨기 14코를 한 단 뜬다.
2 그림과 같이 늘려가며 6째 단까지 뜬다.
3 짧은뜨기 3코와 피콧뜨기를 반복해서 마무리 단을 뜬다.

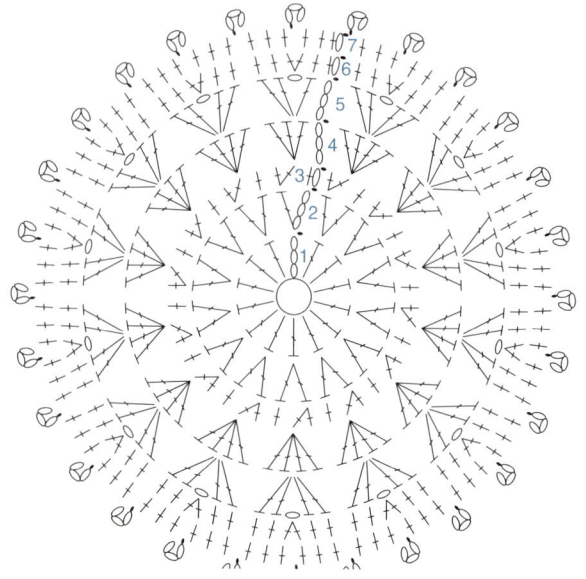

"내가 만든 뜨개 소품들은 사실, 사각이냐 원형이냐 하는
정도로만 디자인을 나눌 수 있는 단순한 것들이다.
그러다 보니 코에 붙이면 코걸이, 귀에 붙이면 귀고리가 될 수 있는
다재다능한 것들이 많다. 동그란 컵 받침을 잔뜩 떠 놓고 있다가
어디 쓸 데가 없을까… 궁리하다 보니 크리스마스가 코앞이다.
그래서 나뭇가지에 툭툭 걸어 보았더니… 요것 봐라, 은근히 분위기 있다."

Merry christmas
for you

"크리스마스가 돌아오고 있습니다
　어른들은 선물 살 돈을 준비하시고, 아이들은 착한 일 하세요!"

펠트지로 레터링 장식 만들기

해마다 크리스마스가 되면 집집마다 크고 작은 트리 장식들이 걸린다.
그런데 아쉬운 것은 열심히 준비한 장식들을 너무 빨리 걷어야 한다는 것.
그렇다고 해가 바뀌고 난 후까지 계속 트리를 세워 두는 것은
어쩐지 구시대적 발상을 가진 주부? 혹은 게으른 주부처럼 느껴지니까
피해야 한다. 대신 남들보다 조금 더 일찍 집 안 가득 크리스마스 분위기를
연출해 보는 거다. 너무 거창한 것은 유난스럽게 느껴질 수도 있으니
피하고, 종이로 만든 색색의 모빌이 적당하다.
이런 모빌들은 대형 문구점에 가면 구입할 수 있으니까.
이렇게 집 안을 장식하게 되면 미리 준비한 연말 분위기 때문에
한 해를 정리하는 차분하고 겸손한 마음이 꽤 오래 지속되니까 좋다.
나는 착한 일을 좀 했나, 누구 마음 아프게 한 일 없었나,
뭘 잘하고, 또 무엇을 놓쳤나… 마음속에 뭉게뭉게 떠오르는 생각들.
그러고 보니 인생은 그리 길지 않은 것 같다. 크리스마스트리 서른 번이면
좋은 인생 다 가는 것 같기도 해서 마음이 더 급해진다.
더 열심히 살아야지, 예쁘게, 착하게, 당당하게!

펠트지 레터링 장식

필요한 재료 세 가지 색깔의 펠트지(빨간색, 회색, 흰색), 털실, 본드

이렇게 만드세요

1 뻣뻣한 종이에 MERRY CHRISTMAS라는 글자를 직접 써서 오리거나 시중에서 판매하는 레터링 본을 구입해서 펠트지에 대고 글자를 쓴 뒤 모양대로 오린다. 세 가지 색깔이 적절하게 조화되도록 섞어가며 만드는 것이 방법.

2 글자 하나마다 두 개의 펠트지를 오려서 한쪽 펠트지의 뒷면에 문구용 본드를 칠한다.

3 글자 상단에 털실을 붙인 뒤, 그 실을 따라 나머지 글자들을 차례로 붙여 나간다. 글자 뒷면에 칠한 본드가 어느 정도 꾸덕꾸덕해지면 본드를 칠하지 않은 같은 글자 한 장을 올려 부착한다. 이런 방법으로 색색의 글자를 붙여 완성한 뒤 여러 가지 소품들을 곁들여 장식한다.

4 벽면에 부착하지 않고 레터링에 털실만 부착해서 걸어 두는 것도 방법. 나는 벽면용과 끈 장식, 두 가지 스타일로 만들었는데 끈에 달랑달랑 걸려 있는 레터링 장식은 작업실 선반장 앞에 못으로 고정해서 걸어 두었다.

내년에는 별처럼 살아야지. 적어도 내 인생에서는 다른 누구도 아닌 내가 톱스타니까!

내년에는 열심히 나누고, 채우면서 살아야지. 그래서 산타 할아버지한테 좋은 선물 받아야지!

반짝반짝 별도 만들고, 통통한 양말도 만들고…
조각 천 쓱쓱 잘라 듬성듬성 박음질!

줄 세워 놓기만 해도 멋이 나는 성탄 장식

1 어떤 원단이든 상관없다. 내추럴한 느낌을 좋아하는 나는 흰색 리넨을 선택했는데 꽃무늬, 체크무늬 혹은 다양한 소재의 컬러풀 원단까지… 내 기분에 맞는 원단을 준비해서 별 모양을 그린 뒤 오려낸다. 별 모양 장식은 뒤집기가 수월하지 않아서 아예 겉면을 듬성듬성 바느질해 완성했다. 마 끈도 하나 달아주고! 단, 창구멍은 남겨 둔다.
2 남겨 놓은 창구멍을 통해서 통통하게 솜을 채운다. 솜을 가득 채우면 배부른 아기 곰처럼 귀여워지지만 그렇다고 너무 욕심껏 채우면 보기에 썩 예쁘지 않으니까 적당히! 나무젓가락, 혹은 연필? 그저 긴 막대기 같은 것을 동원해 구석구석까지 골고루 솜을 채우는 것이 방법이다. 어느 한 곳이 비어 있으면 모양이 나지 않으니까. **3** 이제 단추만 달아주면 마무리. 나는 원단의 느낌에 맞게 금속 단추를 골랐다. 제법 큼지막한 것을 골라 정중앙에 보기 좋게. 그런데 조금 더 멋을 내느라 단추를 달기 전에 단춧구멍을 통해 짧게 자른 마 끈을 감아 장식한 뒤 별 쿠션에 부착했다. 뿔처럼 마 끈을 매달고 있는 단추가 은근히 매력적이다.

크리스마스트리에 걸어도 멋스럽지만 그저 바구니 속에 담아 두거나
벽면에 길게 줄 세워 놓아도 은근히 고급스러운 느낌이 나는 패브릭 장식 소품.
별 모양, 양말 모양, 미니 트리 모양, 동물 모양...
뭐든지 그리는 대로 현실이 되는 아주 쉽고 간단한 아이들이다.
한 묶음씩 만들어서 결 고운 마음 주고받으면서 사는 지인들에게 선물하는 것도 썩 괜찮은 자세로
한 해를 마감하는 방법이 아닐까?

1 앞코에 구멍이 난 신던 양말을 재활용해도 좋고, 준비한 원단에 양말 모양의 본을 대고 그려서 오려도 좋다. 본이 없을 때는 양말을 대고 그리면 되니 문제없다. 입구 부분과 앞코, 뒤꿈치에 덧댈 장식용 무늬 원단도 재단해 놓는다. **2** 양말의 앞판과 뒤판 겉면에 장식용 무늬 원단부터 박음질한다. 손바느질로 꼼꼼하게! 깔끔한 마무리를 원한다면 장식용 원단의 시접 분을 안으로 접어서 박음질하면 되고, 내추럴한 느낌이 좋다면 시접 분 없이 그대로 박는다. **3** 앞판과 뒤판의 장식용 원단 박음질이 끝나면 두 장을 겉끼리 마주대고 가장자리를 박는다. 입구 쪽은 박지 말고 남겨 둘 것. 그래야 통통하게 솜을 채울 수 있으니까. 박음질이 끝나면 뒤집는다. **4** 뒤집어 놓은 양말의 입구 부분으로 솜을 채워 넣는다. 양말 앞코까지 통통하게 솜이 채워지도록 해야 예쁜 모양의 장식 소품이 완성된다. 솜을 다 채우고 나면 입구 부분의 시접 분을 안으로 접은 뒤 시침질해서 완성한다.

1 아파트 정원에서 가지치기 한 뒤 버린 것을 주워왔다. 이 나뭇가지를 같은 길이로 6개 잘라 놓는다.
2 나뭇가지 3개를 붙여서 삼각형 모양의 틀을 2개 만든 뒤 얇은 철사로 묶는다. **3** 2개의 삼각형을 사진과 같이 연결해서 별 모양을 만든 뒤 벽면에 걸어 준다.

가는 나뭇가지를 구해다 툭툭 잘라서
모양내고, 붙이고, 조롱조롱 장식을 달아…

크리스마스 장식 리스와 갈런드

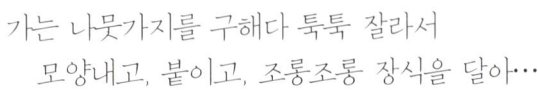

1 나뭇가지와 조화 나뭇가지 여러 개를 길게 잘라서 묶음으로 만든 뒤 정중앙을 끈이나 털실로 묶는다. 크리스마스트리에서 솔잎을 몇 개 떼어 함께 묶어주면 더욱 풍성한 느낌이 난다. 앞장에서 만든 별 장식, 양말 장식 같은 것들 그리고 시판하는 트리 장식 몇 가지를 어우러지게 걸어 놓으면 완성. 이렇게 완성된 갈런드를 빈 벽면에 보기 좋게 걸어 준다. 2 그릇장 위쪽 벽면에 갈런드를 붙여 놓고는 어쩐지 허전한 것 같은 느낌이 들어서 작업실에 있던 집 모양 도자기들을 꺼내 함께 매치했다. 그릇장 위에 줄 세워 놓는 것만으로 분위기가 한결 살아났다.

크리스마스 장식이라는 게 무슨 특별한 공식이 있어야 할 필요는 없다.
뭐든 느낌이 살기만 하면 그만이다. 그래서 나는 다양한 방법으로
크리스마스 장식 소품을 만든다. 이번에는 나뭇가지를 활용한 만들기다.
진짜 쉽다. 앞장에서 만든 별이랑 양말 같은 것들을 매달아 주면
더욱 감각적이다.

동그란 어항 속에 하얀 소금 붓고, 양초와 솔방울을 넣어 만든
눈 내린 숲 속 같은 크리스마스 볼

화이트 크리스마스를 기대하는 것은 아이나 어른이나 똑같은 것 같다.
연인들은 손잡고 거리를 누비면서 그 눈을 즐길 테고,
부부들은 집 안에서 창밖을 내다보며 눈의 정취를 만끽할 테지.
아직 성탄은 멀기만 한데 그런 생각을 하니 벌써부터 은근히 설렌다.
이다음 늙어 늙어서 꼬부랑 할아버지 할머니가 되면
산 속에 오두막집 짓고 살면서 화이트 크리스마스의 정취를 즐겨야지!
어쨌든 그때는 그때고 지금은 지금이니까, 그런 분위기를 상상하면서
또 내 기분대로 뚝딱뚝딱 무언가 만들어 보기 시작한다.
이번에는 크리스마스 볼을 만들어 볼 참이다.
물고기가 살던 투명한 어항이랑, 솔방울이랑, 양초랑…
하나씩 하나씩 준비물 챙겨서 철퍼덕, 거실 바닥에 주저앉아
작업을 시작한다. 무슨 전시회 출품작이라도 만드는 것 모양,
에이프런에 장갑까지 제대로 갖추고서!!! 하여튼 나, 띵굴마님은 매사에
폼생폼사다.

1 높이나 굵기가 다른 아이보리색 양초 서너 개와 투명 유리 볼, 솔방울과 느티나무 가지 약간 그리고 소금을 준비한다. 나는 크리스마스 장식용 인조 눈가루를 구입했는데 집에 있는 소금을 사용하면 충분하다.

2 유리 볼에 소금을 채운다. 원하는 양만큼 채우면 되는데 나는 볼의 3분의 1 정도로 채웠다. 소금 양의 절반쯤을 부은 뒤 양초를 넣어 자리를 잡고, 나머지 소금을 부어 준다.

3 솔방울에 흰색 페인팅을 한다. 너무 하얗게, 전체를 다 덮어 버리는 것이 아니라 스프레이 래커를 구입해서 솔솔, 마치 소금이나 후추를 뿌리는 것 같은 기분으로 페인팅하는 것이 요령이다. 페인트가 없다면 이 과정은 그냥 통과해도 좋다.

4 군데군데 스프레이 페인팅을 더해 예뻐진 솔방울들. 마치 흰 눈이 내린 것 같은 분위기를 연출해 준다.

5 소금과 양초를 넣어 둔 유리 볼에 군데군데 솔방울 장식을 넣는다. 규칙은 없다. 그저 내가 예쁘다고 생각되는 정도로 보기 좋게 채우는 것이 방법이다.

6 짧게 잘라 놓은 굵고 가는 나뭇가지들을 군데군데 끼워 넣어 장식한다. 나는 향기까지 즐기고 싶어 시나몬 스틱 두어 개를 툭툭 잘라 함께 넣었는데 분위기가 한결 살아나는 느낌이었다.

이제 곧 그분이 당도하실 것이다! 아기 예수와 산타 할아버지가!
메리, 메리 크리스마스트리 이야기

지난 한 해를 마무리하면서 고이고이 모셔 두었던 크리스마스트리 상자를
다시 꺼냈다. 아무 말도 하지 않았는데 남편은 눈치껏 나와 앉아
나무를 조립하기 시작했다. 고맙게도! 센스를 목숨보다 중요시하는 아내와
살다 보니 그이도 저절로 감이 생긴 모양이다.
핸드메이드의 마지막은 트리 세우기로 끝낼까 한다. 왜냐하면 무언가
마무리하는 것 같은 느낌이 드는 장식품이니까.
트리를 아무 지지대 없이 그냥 세워도 되지만, 나는 조금 더 멋스러운 느낌을
내기 위해 키 높이 지지대를 만들어 준다.
트리를 세울 만한 크기의 큼지막한 나무 박스 위에
이국적인 느낌이 나는 커피 자루를 잘라 만든 보를 덮거나,
성글게 짠 원단을 덮어주는 것. 그것도 아니라면 신문지나
가마니 같은 것을 덮어도 괜찮다. 그 위에 커다란 나무 양동이를 올려놓는다.
양동이 속에 트리를 담아 세워 놓으면 똑같은 재질의 인조 나무도
한결 고급스럽게 보인다. 이제 나무 조립도 끝나고 지지대도 완성했으니
이런저런 소품들을 매달아 꽃단장하고, 반짝 전구에도 불을 밝혀야지!

아직 때가 되려면 한 달 가까이 남았는데 우리 집 거실에는 벌써 성탄 장식이 채워졌다.

트리가 없을 때는 빈 나뭇가지를 세우고, 리스 한두 점 걸어 놓아도 제법 멋이 난다.

투박한 디자인의 복고풍 철제 양동이에 솔방울들을 가득 채워 두었더니 흠… 감각적이다.

뭐든 모아 두고 보면 그럴듯해 보이는 법. 커다란 호박도 장식이 된다.

갖가지 트리 장식들을 곁들여 분단장한 나무. 그래, 그래! Merry Christmas다!

점등식이 거행되었다. 마음이 갑자기 진중해진다. 점등식이 있는 날에는 와인이 필수다.

한 번뿐인 인생… 장작을 쌓듯, 차곡차곡 다듬고 여며야지.

Good Luck &

장작을 태우듯 그렇게 열정적으로 살아 봐야지. 딱 한 번뿐이니까.

Happy New Life!

여자에게 **수납**은 전쟁이다

전쟁 준비는 끝났다. 무기도 다 챙겼고, 사기충천에 힘이 넘친다.

그래도 혹시나 하는 마음으로 다시 한 번 점검한다.

밀폐 유리병, 칸이 나뉜 플라스틱 정리함, 밀폐 용기들,

박스와 네임 태그 그리고 견출지와 펜, 기타 등등.

앗! 쓰레기봉투를 빼먹었군. 절대 빠질 수 없는 아이템인데…

앞치마를 두르고, 머릿수건까지 동여매고 두 눈을 질끈 감는다.

"띵굴, 잘할 수 있어. 아자! 아자!" 힘찬 구호도 붙여본다.

그런데 막상 싱크대 문을 다 열어 놓고 보니

애써 상승시켰던 나의 사기가 다시 바닥으로 떨어진다.

애고고! 이걸 언제 다 치운담?

그렇다. 여자에게 수납이란 전쟁이다.

총칼이 없다고 해서 전쟁이 아니라고 하는 사람이 있으면

맞아야 한다. 정말 모르는 소리니까.

해야지, 하면서 미루고 미루다가

이제 더는 미룰 수 없는 벼랑 끝에 다다라서야 결국,

두 손 들고 적의 기지를 향해 돌격하게 되는 것. 그게 수납이니까.

딱 한 가지만 기억해야 한다.

치우지 못한 공간이라면 돈 들여 꾸민들 아무 소용이 없다는 것을.

별 수 없으니 시작해 보자.

폭발 직전의 상태로 언제까지나 이렇게 살 수는 없으니까!

모든 것이 착착, 손이 닿는 그 자리에
있어 주기만 한다면 살림을 하는 일에도
리듬이 붙을 거다. 그런데 그게 도무지
쉽지가 않다.

살림살이마다 발이 달려 있어서
자꾸 여기저기 돌아다니는 것이다.
무방비 상태로 있다가는 주걱이
등 긁개로 전략하는 건 시간문제다.

국이 끓는다, 삶고 있는 빨래도 끓는다, 살림에 지친 마음도… 끓는다

하루 종일 살림을 한다. 설거지를 하고,
음식을 만들어 먹느라 다시 설거지거리를 만든다.
먹고 남은 음식 쓰레기를 버리고, 다시 음식 재료를 산다.
빨래를 돌리고, 돌린 빨래를 삶고, 빨아서 말린 옷가지들을
다시 또 빨랫감으로 만든다. 그게 인생이다.
그러니까 끝은 보이지 않는 거다.
그렇게 서로 물고 물리면서 쭉 가는 인생, 그게 살림인 거다.
그래서일까. 어른들은 말씀하신다.
'표 나지 않는 살림'이라고. 참 허무하게도 해도 해도 표가 나지 않는다.
허리가 부서져라 온종일 집 안을 누비고 다녀도
"도대체 뭘 했다는 거야?"라는 말이 나오기 십상이니까.
이 일을 언제까지 하면 끝이 날 것이다. 라는 게 보이면 좋으련만…
일단 살림의 키를 잡은 이상, 우리 여자들은 죽는 그날까지
마치 숙명처럼 그렇게 살림을 해야만 하니 한숨이 나오기도 한다.
그러다가 어느 날. 나는 마음을 고쳐먹었다.
어차피 해야 할 일이라면 프로처럼 해보자고.
기왕 해 먹을 음식이면 맛있게 해 먹고,
기왕에 치울 거면 폼 나게 치우고,
기왕에 빨아야 한다면 팔팔 끓여 삶아서 광이 나게 만들어 보자고.
마음을 고쳐먹고 보니 살림에서 표가 나기 시작했다.

내 손이 닿으면 드라마틱하게 정리가 되고,
내 손이 닿으면 같은 라면도 궁중 음식처럼
된다는 걸 보여주기 시작한 것이다.
수납은 그런 마음을 다지게 하는 기초 같은 것.
문을 여는 곳마다 보란 듯이 정리되어 있는
일터는 말 그대로 일할 맛 나는 곳이
되기 때문이다.
그래서 수납을 한다.
더 행복하게, 더 기쁘게 살림을 하고 싶어서.
'내 집'은 '내 세상'과 같은 거니까…
내 세상을 파리가 미끄러질 만큼,
광나게 만들어 볼 작정이다.

실온 보관 식료품 수납

수납도 다 먹고 살자고 하는 일이라는 것을 머릿속에 새기면서

'입에 풀칠' 시켜주는 음식들을 점검해 보니 종류가 수만 가지!

다용도실에, 혹은 싱크대 어딘가에 담긴 정체불명의 검은 봉투들을 뒤지니

잡곡에서 멸치와 미역, 아기 새우까지… 육해공 포진이다.

오늘은 기어코, 이 녀석들이 더 이상 설치지 못하도록 꽁꽁 가둬 놓을 참이다.

실온 보관하는 식료품들에게는 밀폐 유리병보다 더 좋은 게 없다.
이 아이들에게 밀폐 유리병은 타워팰리스이자, 호텔 스위트룸인 셈이다.

"준비됐나요?"
"준비됐어요!"

밀폐 유리병 세척하기

나는 유리병 마니아.
그 어떤 도구도 유리병을 따라오지 못한다고 믿는다.
특히 식료품에 한해서는 더욱 그렇다.
물론, 플라스틱류가 가벼워서 좋기는 하지만 냄새도 잘 배고,
마음껏 삶아 쓰기 어려우니 위생 부분에서도 좀 그렇다.
뿐만 아니라, 유리병은 당당하게 꺼내놓고
수납하기에 전혀 무리가 없다. 굉장히 있어 보이니까.
그래서 야금야금 사 모은 밀폐 유리병이
나의 자존심 수치와 맞먹을 정도가 되었다.
한꺼번에 사려면 폭탄 지출이 되니 어렵고,
가뭄에 콩 나듯 그렇게 사야 죄책감이 덜하다.
자, 이제 담기만 하면 된다.
그러면 승리는 나의 것이 될 터이다.
참! 나의 블로그에도 자주 소개된 살림 하나!
무언가를 삶을 때 쓰는 이 솥단지는 이태원 앤티크 거리를
구경 갔다가 상점 앞에 내놓고 파는 것을 실속 있게 득템한 것.
이 아이가 이렇게 수수해 보여도 영국 앤티크 제품으로
실제로 빨래를 삶을 때 사용했다고 한다.

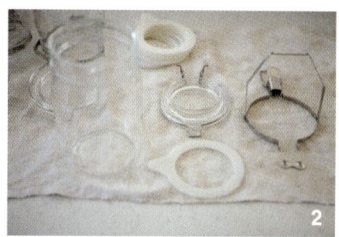

밀폐 유리병을 살 때 체크해야 할 점

나는 밀폐 유리병을 살 때 냉동과 냉장이 다 되는지, 고온에 강한지 등을 살피는 편. 그래야 다용도로 활용할 수 있기 때문이다. 그리고 가족 수나 보관할 음식의 양 등을 고려해서 사이즈를 결정하는 것이 좋다. 1리터, 2리터, 가장 큰 사이즈인 4리터까지… 나는 주로 세 가지 크기를 즐겨 쓰는 편. 손잡이가 있는 것, 동그란 것 등 여러 가지 디자인을 골고루 섞어 구입하면 필요에 따라 더욱 요긴하게 활용할 수 있다.

1 깨지거나 금이 간 곳은 없는지 하나씩 체크하며 살핀다. 아까운 음식이 새나가게 할 수는 없으니까. 2 뚜껑과 밀폐용 패킹, 부속 등을 꼼꼼하게 분리한다. 이제 삶을 차례니까. 3 냄비나 솥에 물을 담고 유리병을 넣어 팔팔 끓인다. 혹시 모를 위험에 대비하기 위해 열이 직접 닿지 않도록 냄비 바닥에 행주나 면보자기를 깔아준다. 냉동실에 있던 차가운 유리병을 곧바로 뜨거운 물에 담그는 것도 금물. 4 깨끗한 면보자기나 행주를 깔고, 그 위에 삶아낸 유리병을 뒤집어 물기를 뺀다. 닦아내기보다 자연 건조시키는 것이 훨씬 깨끗할 테니까. 끓는 냄비에서 꺼내면 잔열이 있어서 5분 혹은 10분이면 자연 건조된다. 5 유리병에 물기가 남아 있지 않고 보송보송한 상태가 되면 준비 끝.

"담고 있나요?"
"담고 있어요!"

밀폐 유리병에 담기

두고두고 먹는 저장 식품들은 밀폐 용기가 최고다.
그러므로 용기가 준비되면 집 안 곳곳에 있는
저장 식품들을 뒤져내야 한다. 밀폐 용기에 담을 식품군을
분류하면 크게 두 가지로 나눌 수 있다.
마른 것과 젖은 것. 두 가지 모두 가장 쾌적하게
보관해 주는 것이 밀폐 유리병이다.
물론 사이즈만 된다면 밀폐 유리병에 담지 못할
식품은 없다. 뭐든 그저 담기만 하면 되는 것이다.
담는 방법은 전혀 어렵지 않으니 설명이 따로 필요 없지만,
친정엄마 같은 마음으로 조금만 더 친절한 설명을
곁들여 볼까 한다.

젖은 식품류

- 장류 : 된장, 고추장, 쌈장 등.
- 장아찌 : 간장이나 소금물, 된장 고추장에 담근 모든 장아찌들.
- 피클 : 오이피클, 당근피클 등 다양한 종류의 저장 피클.
- 김치 : 적은 분량으로 담가 먹거나 부모님께 공수해 온 김치,
  물김치 혹은 건더기 없이 남은 김칫국물
  (신 김치 국물이 남으면 버리지 말고 보관. 찌개를 끓이거나
  김치 요리를 할 때 요긴하게 활용할 수 있다).
- 과실차 & 과실주 : 집에서 직접 담가 먹는 차나 술.
  반드시 밀폐해야 하는 식품군이다.
- 젓갈 : 새우젓이나 멸치젓 등 조금 많은 양으로
  구입해 두고 먹는 젓갈류.

마른 식품류

- 잡곡 : 찹쌀, 현미, 보리, 콩 등의 잡곡이나 쌀가루, 밀가루 등.
- 각종 차 : 보리차, 둥굴레, 오미자, 옥수수 등의 마른 차.
- 건해조류 : 멸치, 다시마, 미역 등 오래오래 보관해 두고 먹는 식품들.
  다시마나 미역은 작게 잘라서 넣어두는 것이 편리하다.
- 견과류 : 호두, 땅콩, 잣 등.
- 각종 포 : 육포, 어포, 오징어포 등.
- 양념 : 고춧가루 같은 가루 형태의 양념들.
- 국수 & 파스타 : 높이가 있는 밀폐 유리병에 국수나 파스타류를
  넣어 두면 효과 만점.
- 말린 식품 & 부각 : 각종 말린 과일이나 열매류, 공기가 들어가면
  눅눅해지는 부각류의 반찬.
- 시리얼 & 과자류 : 먹다 남은 시리얼이나 과자류는 밀폐 유리병에
  보관하면 안성맞춤.

뚜껑을 열었더니 보리차의 구수한 냄새가
와르르~!

큰맘 먹고 담근 레몬 절임이 뿌듯~.
시판 레몬차를 구입해서 밀폐 유리병에
옮겨 놓고 직접 담근 척해도
어지간한 남편들은 깜빡 속는다.

마른 식품을 덜기 위한 도구로는 나무가 제격.
우드 스쿱을 유리병에 함께 넣어둔다.

딱 소리 나게 닫아만 주면
눅눅해질 걱정, 벌레 걱정 없이 안심!

스테인리스 스틸 소재의 키다리 소스 국자.
'미스달스튜디오'에서 구입한 것으로 유용하게 쓰고 있다.

손잡이가 달려 있는 밀폐 유리병은
2배로 편리한 아이템.

Before

문을 닫아 놓으면 뭐, 그런대로 일반적인 냉장고다.
문을 열면… 썩 나쁘지는 않지만 그렇다고 썩 반갑지는 않은 등장인물들이 나오신다.

냉장고 수납

문제는 언제나 여기에 있다. 냉장고! 정신 줄을 살짝만 놓아도

쓰레기통에서 음식을 꺼내 먹는 형국이 되기 십상이니까.

우리의 경우는 셋이 먹는 음식인데도 그렇게 복잡하니,

식구 많은 집이야 오죽하려고! 어쨌든 근본적인 대책을 찾아야 답이 나온다.

눈 가리고 아웅 식으로 치워봤자 이틀이면 다시 원상 복귀.

냉장고를 열면 품격이 느껴지도록 고상하게 정리하기 위해서는

담는 용기를 살짝 재정비하고,

네임 태그를 만들 종이와 유성 펜도 준비할 필요가 있다.

'정리=버리기'도 중요한 요소이지만,

나의 경험상 정리의 첫 단계는 역시 보관 용기의 통일이다.

냉장고 보관 용기를 한 가지로 통일하기는 어렵지만,

재질, 색상 등을 비슷한 녀석들로만 구비해도 그 효과는 배가 되니까!

큰 정사각, 긴 직사각, 꼬꼬마 정사각 등등 그간 내렸던 지름신의 결과가

냉장고에서 대거 빛을 발하게 된 것이다.

이렇게 제대로 치워 놓으면 똑같은 반찬도 별미처럼 보인다는 걸

절대로 잊으면 안 된다. 그러니 귀찮다는 생각은 금물.

"자, 냉장고 속의 음식부터 거침없이 쏟아냅니다!"
찾기 쉬운 식품 보관법

매일 쓰는 소스나 기름, 양념 등을 넣어두는 작은 사이즈의 밀폐 유리병.
내가 이 아이템을 특히 좋아하는 이유는 뚜껑을 열면 사진처럼
더 작은 실리콘 마개의 입구가 등장하는 까닭이다. 실리콘 마개는 분리가 되어
세척하기가 수월하고, 말랑말랑한 재질에 비해 100% 완벽 밀폐가 되는
기특한 아이템이다. 줄줄 흘리지 않고, 사뿐하게 따라 쓰기에 정말 좋다.

인테리어 소품 매장이나 온라인 숍에서 살 수 있는
입구가 좁은 밀폐 유리병. 대형 마트에 갔더니
고급 간장을 바로 이 병에 담아서 판매하는 걸 보고
조금 놀랐다. 역시 고급은 고급 병에 담겨야 한다는
뜻인가? 사이즈가 다른 두 가지 종류에 젓갈류나
과실주 등을 담았다.

메모지를 잘게 잘라서 보관 식품의 이름을 자세히 적어
곁들인다. 겉면에 붙이지 말고 통 속에 넣어만 두면 통을
교체하거나 세척하고 난 뒤에도 다시 쓸 수 있다.

굳이 용기의 겉면에 이름을 붙여주지 않아도 잘 보이니
까 아무 문제가 없다.

내 사랑 밀폐 유리병은 냉장고 속에서도 역시 톱스타. 냉장 보관이 필요한 기름류나
소스류는 작은 유리병에, 양이 많은 젓갈류나 과실주 등은 조금 큰 유리병에 담았다.
담기 전, 유리병 겉면에 마스킹테이프를 붙이고, 이름을 적어 넣는 것도 잊지 말 것.
술이려니 생각하면서 멸치액젓을 마시면 곤란하니까.
견과류들은 꼬꼬마 정사각 밀폐 용기에 보관했다. 큰 정사각 보관 용기에는
별별 가루들을 담아주고! 네임 태그를 만들어서 용기 안쪽에 쏙 넣어주면
이놈이 저놈 같은 가루들의 식별이 편리하다. 용기 겉면에 붙일 수 있는 스티커 형식의
라벨지도 있지만, 용기를 세척할 때마다 떼어버려야 하므로 붙이지 말고
쏙쏙 넣어만 주기.

견과류, 말린 과일이나 열매 등을 사각 밀폐 용기에
착착.

여기에서 잠깐! 밀폐 용기에 담을 때, 지퍼 락에
1차로 담은 뒤에 용기 속에 넣어주면 하나의 용기에
여러 가지 아이템을 함께 보관할 수 있고 냄새가
스며들 염려도 적다.

이런 방법으로 사각 밀폐 용기에 담긴 식품들이 쌓여 간다. 뿌듯하다.

"문짝과 서랍형 냉동 칸까지 물샐틈 하나 없이 알뜰하게!"
냉장실 도어 칸 & 냉동 칸 정리법

양문형 냉장고의 시대가 되면서 도어 칸의 활약이 더욱 활발해졌다.

그러나 사실, 그 도어 칸이 언제나 뒤죽박죽이 되기 쉽다.

생각나는 대로 사들인 각종 소스와 양념 병들, 음료수, 주류,

게다가 가끔씩은 화장수나 팩까지도 내 집 네 집 모르고 침범.

그러다 보니 문을 열면서부터 마음이 찜찜해지기

십상인 것이다. 냉동 칸이야 두말할 나위가 없고.

바로 그렇게 문제 많은 두 공간을 위해 나는

이런 방법을 사용했다.

뭐 사실…

내 이름으로 특허를 낸 방법은 아니고,

여기저기 귀동냥 눈동냥으로

들은 방법에다 나만의 독창적인 아이디어를

살짝 보탠 것뿐이지만 말이다.

여기는 냉동 칸. 우리 집 냉장고는 냉동 칸이 서랍형이다. 사실, 스타일을 귀하게 여기는 내가 가장 자신 없는 부분이 냉동 칸이기도 하다. 왜냐하면 보관할 것은 많은데 도무지 여유 공간이 없으니까. 방법은 단 하나, 지퍼 락을 사용하는 것. 그래서 지퍼 락을 적극 활용해 종류별 수납을 한다. 물론, 밑손질을 다 끝낸 뒤 넣어두는 것이 기본.

좌측 냉장고 문 수납은 이렇게! 최정상에는 역시 달걀이 부동의 자세로 앉아 계신다. 다른 방법을 쓸 이유가 없으니까. 문제는 중간 칸. 현란한 컬러와 디자인에 용기 모양도 제각각인 이 녀석들은 도저히 엄두가 나지 않아서 키 순서 대로 정리만 했다. 그나마 흡족한 부분은 하단. 플라스틱 우유 통에 보관했던 이런저런 액체 양념들을 깔끔한 밀폐 유리병에 옮겨 담았다는 것. 아! 이~쁘!

이번에는 우측 도어 칸. 맨 위쪽은 우리 부부 건강을 챙겨주는 비타민들이 자리하시는 곳이니 그대로 존중하기로 했다. 중간 칸에는 둥근 플라스틱 용기에 담은 보리차, 통깨, 맛술 등을 정리. 하단 홈바에는 키다리 유리병에 식혀 둔 끓인 물을 넣어 수납하니… 냉장고가 왠지 건강해진 느낌?

"안 보이게 숨어 있는 음식들도 드라마틱하게 찾아낼 수 있어요!"
꺼내 쓰기 쉬운 냉장실 수납법

이제야말로 가장 큰 핸디캡인 반찬 보관 코너의 등장이다. 식사 때마다 꺼냈다 넣었다 하는
반찬 통들의 향연이 펼쳐지는 곳이니까. 하도 깊숙이 숨어 있어서 있는 줄도 모른 채 상해서
버린 음식들이 어디 한둘이던가. 그러니 더욱 힘을 내어 고단수로 정리해야 한다.
우선 상단 좌측에는 견과류와 말린 과일들이 담긴 사각 플라스틱 용기를 보관하고,
상단 우측에는 손잡이가 달린 밀폐 유리병에 레몬 절임, 호두, 토종꿀을 넣어 보관했다.
비슷한 종류끼리 모아 놓은 셈이다. 반찬이 아닌 식품이나 차 같은 것들로!
키 순서대로 정렬해 놓으니 보기에도 썩 개운하다.
하단 좌측에는 가장 큰 사이즈의 핸디형 밀폐 용기에 백김치를, 손잡이가 달린
밀폐 유리병에 물김치와 고추장아찌를 보관했더니 안성맞춤이다. 우측 중간 칸에는
밑반찬류를 보관하고, 우측 하단은 뒤쪽으로 2개의 작은 바퀴가 달린 수납 박스에
건강보조식품과 튜브형 소스 같은 자잘한 것들을 보관하니 꺼내기도 편리하고,
깔끔하니 참, 조~오타!

"겹겹이 쌓았어도 규칙이 있으니 문제없지요!"
냉장 서랍 칸 계단식 수납법

이번에는 서랍식 냉장 칸이다. 아니, 그 전에 슬라이딩 칸부터! 맨 아래쪽 얄팍한 슬라이딩 칸에는
같은 크기의 직사각 플라스틱 용기들을 줄 세워 놓았는데, 이 부분은 일종의 카페 같은 곳이다.
차, 치즈, 건포도 같은 안주들… 이렇게 비슷한 종류끼리 모여 살게 하는 것이 냉장고 정리의
기본이 되시겠다. 본격적으로 서랍을 열면 좌측은 과일 칸. 과수원집 며느리답게 우리 집에는
언제나 과일이 그득한 편이다. 그중에서도 습도를 유지해 주는 것이 중요한 사과는
하나씩 비닐에 넣어두면 수분이 날아가는 것을 막아주어 한결 촉촉하고 사각사각한 맛을
즐길 수 있다. 그런 의미에서 귤도 역시 지퍼 락에 공기를 차단한 채 쏙쏙.
서랍 칸 오른쪽은 채소들의 집합소. 긴 직사각 보관 용기에는 대파를 초록 부분과
하얀 부분으로 잘라서 따로따로 보관했다. 음식을 만들 때 한결 편리해지는 보관법이다.
자잘하게 남아 있는 채소들도 종류별로 나눠서 작은 사각 밀폐 용기나 지퍼 락에 담아두었다.
다채로운 수납 도구 덕분에 신선하게 보관된 나의 음식들을 뿌듯하게 바라보며
이제 그만, 냉장고 이야기는 접어야겠다.

'설마 여기가 가정집이겠어? 식당이겠지'···라고 생각하는

독자들이 있을까 싶어서 민망한 마음에 후다닥 고백한다.

이것은 나의 싱크대 커트러리 수납용 서랍···이다.

싱크대 수납 1_ 커트러리 보관 서랍

밥숟가락, 찻숟가락, 젓가락, 포크, 나이프… 다른 집은 커트러리를 어떻게 보관할까? 살림의 초보 시절에 잠시, 그런 생각을 한 적이 있었다. 늘 쓰는 것들은 꺼내 놓고, 아끼는 것들은 박스에, 유행 지난 것들은 비닐에 넣어서 보관하던 시절이었다. 차근차근 한 걸음씩, 살림에 대한 요령을 터득하고 난 뒤 방법을 찾았다. 냉장고든, 싱크대든, 서랍이든 무조건 종류별로 묶음 보관해야 두 번 다시 지저분해지는 일이 없다는 것. '무슨 커트러리가 이렇게 많다는 거야?'라는 은근한 타박을 들을 수도 있겠지만, 사실 구석구석 숨어 있는 것들을 다 뒤지면 이만큼은 거뜬히 나올 것이라고 장!담!한!다! 그리하여 나는 결국, 싱크대 서랍 중 얕은 녀석 두 개를 커트러리 보관용으로 결정했다. 그러고는 보기만 해도 뿌듯하게, 그리고 찾아 쓰기도 무지 쉽도록 열심히 정리하기 시작했다.

방법 1_ 플라스틱 칸막이 박스 활용

가장 일반적인 형태의 수납 칸막이가 있는
플라스틱 박스. 서로 다른 폭으로 여러 개를
준비해서 서랍 속에 퍼즐을 하듯 끼워 맞춰
넣는 것이 중요하다. 원하는 위치에 칸막이를
끼울 수 있으니 커트러리의 길이에 맞게,
틈새를 남기지 않고 정리할 수 있다.

방법 2_ 식판형 칸막이 트레이 활용

여러 개의 박스를 넣어서 공간을 짜 맞춤해야 하는 플라스틱 칸막이 박스에 비해 조금 더 편리하게 진화된 방법.
다름 아닌 칸막이 트레이를 활용해 보는 것이다. 마치 식판처럼, 한판에 꺼냈다 넣었다 할 수 있어서
조금 더 편리하다고 할까. 대신 공간에 딱 들어맞게 수납 칸을 완성할 수는 없고, 애매하게 남는 공간은
적절한 방법으로 틈새 수납해야 한다.

방법 3_ 서랍에 딱 맞게 제작한 나무 박스 활용

이것이 가장 최근에 시도해 본 커트러리 수납의 결정판이다. 어떻게 하면 더 완벽한 수납을 할 수 있을까.
연구하다가 아예 서랍 크기에 딱 맞게 제작해 보고 싶어졌다. 우리 집 가구를 만들었던 목공소로 가서 사이즈와
디자인을 제시하고 만든 제품이다. 살짝 번거롭기는 하지만 그리 큰돈이 드는 것은 아니니까 과감히 시도.
두 개의 서랍 속에 박스를 끼워 넣은 뒤 정리해 보니 가장 만족스러운 느낌. 내 주방이 마치 무슨 호텔 레스토랑의
주방처럼 체계적으로 변신한 것 같아 정말 기뻤다.

싱크대 수납 2_ 잡동사니 보관 서랍

보기 좋게 정리한다는 것이 정말 쉽지 않은 품목이 바로 주방용 소모품들이다. 랩, 포일, 키친타월, 쓰레기봉투 같은 것들이 바로 그런 아이템. 서랍 속에 마구 뒤섞인 채 말 그대로 '쑤셔 박기' 십상인 물건들이라고나 할까. 나 역시 비슷하게 지내다가 어느 날, 큰맘 먹고 한판에 정리했다. 막상 정리를 시작하고 보니 그다지 어려울 것도 없이 술술. 다만 수납 도구가 좀 필요하기는 하다. 이 물건들을 정리하기 위해 나는 칸막이를 끼울 수 있는 플라스틱 박스를 선택, 1천원 숍인 '다이소'에서 구입했다.

**쓰레기봉투,
각 잡히게 접는 요령**

1 접은 봉투를 넣을 수 있는 플라스틱 수납 박스를 준비한다. 2 여러 장의 봉투 묶음을 그대로 쌓은 채 한 장씩 접어나간다. 3 입구 부분부터 접힌 선 그대로 안쪽으로 접은 뒤 봉투 아랫부분을 접어 덮는다. 4 가로로 길어진 봉투를 이번에는 세로로 반 접는다. 5 세로로 반 접은 봉투를 다시 한 번 세로로 반 접는다. 6 세로로 길어진 봉투를 다시 가로로 반 접어 정사각형으로 만든다. 7 쓰레기봉투, 딱지 크기로 접기 완성. 8 접은 봉투를 플라스틱 박스에 세워서 차곡차곡 정리한다.

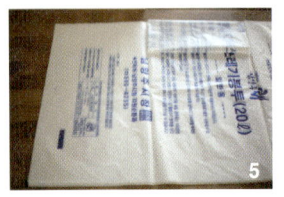

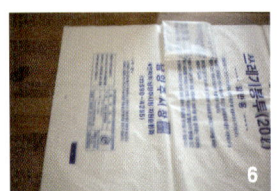

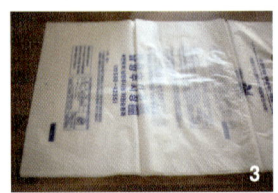

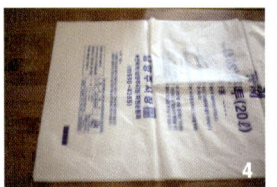

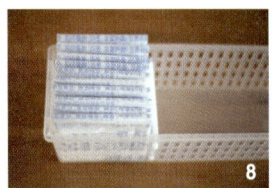

각종 봉투

쓰레기봉투든 아니면 시장에서 받아 들고 온 검은 봉투든,
일단 봉투를 어딘가에 넣을 때 살짝 유혹이 온다. 왜냐하면
그냥 돌돌 말아서 묶어 넣어도 괜찮은 아이템이기 때문이다.
하지만 그런 봉투들이 하나둘 쌓이다 보면 서랍 속은 금세
엉망진창이 되고 만다. 그래서 나는 쓰레기봉투를 묶음으로
구입하는 날은 뒤도 돌아보지 않고 한자리에 앉아서
내 규칙대로 봉투를 접는다. 물론, 다른 봉투들도 마찬가지.
봉투들만 착착 정리되어도 서랍 속은 시스템화되어 보이니까.
그리고 냄비 받침, 주방 장갑 등의 자잘한 도구들은 같은
종류끼리 모아서 수납해야 여기저기 찾는 일이 없다.

종류별 행주와 면보

주방에는 행주도 있고, 면보도 있다. 쓰임새가 다른 물건들이다.
행주 한 가지도 용도에 따라, 혹은 소재에 따라 나뉘기도 한다.
이처럼 세심하게 품목을 분류해서 칸을 나눠 수납하면
거짓말처럼 두 번 다시 흐트러질 일이 없다. 깨끗한 상태를
오래오래 유지할 수 있는 것.

포일, 랩, 지퍼 락 등

주방용 비닐이 묶음으로 들어 있는 박스, 알루미늄 포일 박스,
랩이 담긴 박스 등은 박스째 사용하는 것이 편리한 물건들이다.
이런 경우에는 박스들을 한데 모아서 차곡차곡 쌓는 것이
가장 좋은 방법. 문제는 같은 종류의 박스끼리 모아두는 일이다.
이렇게 하면 여기저기로 흩어지는 것을 막을 수 있기 때문.

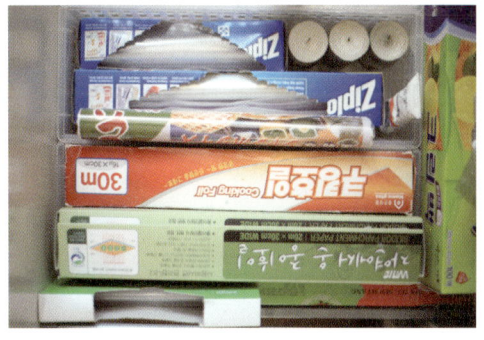

소소한 주방 도구

주방 살림이란 일일이 분류하기가 쉽지 않을 만큼 매우
다양하다. 쉽게 짝지어지지 않는 물건들도 적지 않은 편.
이런 물건들은 복잡하게 생각하지 않고, 사이즈에 맞게 모아서
정리한다. 아주 작은 사이즈의 집게 같은 경우는 애매하게 남는
틈새 공간에 쏙쏙. 어쨌든 모든 잡동사니들을 한 서랍 속에
정리해 두는 것이 가장 중요한 일이니까.

Before

싱크대 수납 3_ 싱크대 하부장

싱크대의 여러 공간 중에서도 가장 애매한 곳이 바로 개수대 아랫부분이다. 순대처럼 생긴 배관이 위풍당당하게 서 있는 데다 우리 집의 경우에는 정수기와 음식물 쓰레기통까지 그 안에 들어 있어서 딱히 무언가를 수납할 수 없는 형편. 사실, 여기에 끼워 넣을 수 있는 품목은 정해져 있다. 세제와 청소 도구 그리고 친환경 청소용품들. 그 아이들을 틈새에 차곡차곡 세워 넣고 쓸 때에도 보기에 그리 나쁘지 않았지만 조금 더 수직적인 방법을 찾고 싶어져서 각종 플라스틱 도구를 활용했다.

After

1층과 2층 분리형 수납

플라스틱 박스의 높이가 정해져 있으니
박스 높이보다 큰 녀석들은 무조건
2층행. 사진 좌측의 수납 박스에는
키가 큰 주방 세제류를 담아 2층으로
보내고, 사진 우측의 수납 박스에는
핸드 워시와 핸드 로션, 비닐에 담긴
리필용 세제들을 담아 1층에 살게 했다.

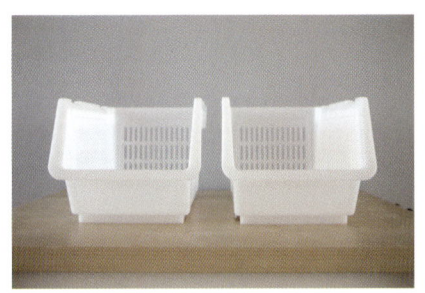 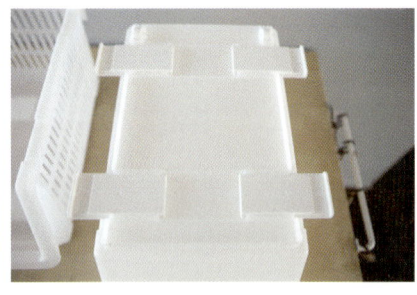 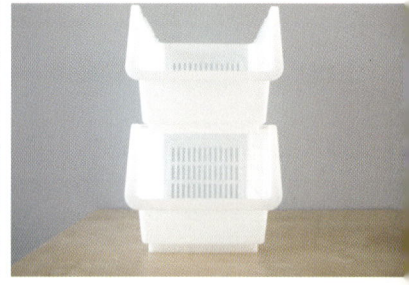

다재다능, 편리한 플라스틱 박스

좁고 깊으면서 평면적인 공간은 수직적으로 수납하는 것이 방법. 뭔가 시도할 때는 장비부터
챙기는 성격상 공간에 맞는 도구부터 골라잡게 된다. 이 박스가 편리한 것은 바닥면에
접었다 폈다 할 수 있는 4개의 날개가 달려 있는 데다, 사진에서는 잘 보이지 않지만 뒤쪽에
아주 작은 바퀴가 있어서 넣고, 빼기가 쉽다는 것. 날개를 펼친 뒤 2층으로 만들고,
다시 날개를 꽉 조여주니 제법 단단한 2층집이 되었다. '미스달스튜디오'에서 구입한 제품.

수세미와 브러시 등 각종 청소 도구

수세미와 주방 비누, 주방 솔 등
청소와 설거지에 필요한 각종 도구들은
한 바구니에 담아 넣고 빼기 쉽게.
모으다 모으다 수세미까지 모으는
참 이상한 땅굴마님! 이렇게 정리해 두니
본격 청소를 하는 날은 이 박스 하나만
들고 가면 만사 오케이!

다용도실 수납

20~30평대의 아파트 대부분이 그렇듯 다용도실은 턱없이 작은 편이다.
주부에게 다용도실은 말 그대로 잡동사니 창고라서 무지무지
중요한 공간이라는 것을 건축 관계자 여러분들께서 알아주었으면!
더구나 우리 집은 운동장 같은 거실에 비해 다용도실이 정말이지
코딱지만 하다. 공간도 좁은 데다 문이 다용도실 쪽으로 열리는 바람에
옴짝달싹할 수가 없는 형국인 것이다. 결국 다용도실에 있는
두 개의 가구, 즉 원목 선반장과 화이트 수납장을 나란히
놓을 수가 없어서 ㄱ자로 배치했다.
7년 전, 홈쇼핑에서 충동 구매로 구입한 화이트 수납장은 정확히
따지자면 옷장이다. 키 작은 수납장을 찾던 중 띠용~ 하고
눈에 띄는 바람에 구입했다가 옷은 보관하지 않고, 이것저것
잡동사니 수납의 용도로 쭉 사용해 왔다.
여기저기 옮겨지다 결국은 다용도실까지 오게 된 이 옷장
(역시 싼 게 비지떡. 가구는 특히 싸다고 좋아서 지갑을 여는 건
아닌 듯하다). 다용도실 한쪽에서 문이 굳게 닫힌 채 비공개로
살아왔던 화이트 수납장을 공개하기로 한다.
수납장 맨 위쪽에 스테인리스 스틸 봉이 그대로 있는 것을 보면 확실히
옷장이라는 증거. 잘 빠지지 않아서 그냥 둔 채로 사용하고 있다.
흠… 그런데 새롭게 정리를 하고 비교해 보니 정리하기 전의 상태도
썩 나쁘지만은 않았던 것 같은… 그래서 살짝 억울한 기분이 느껴지기도
했다는 사실. 하지만 문을 닫으면 보이지 않는다는 장점(?)을 이용해
생뚱맞게 쑤셔 넣은 물건들도 있었다는 점에서 위안을 얻기로 한다.
자, 그럼, 다음 페이지에서 굳게 문이 닫혀 있던 화이트 수납장을
칸칸마다 자세히 살펴보기로 할까?

Before   After

제일 위쪽 선반에는 알루미늄 박스 세 개. 다른 용도로
구입했던 틴박스 3개가 수납장의 폭에 맞춘 듯 딱 맞아떨어진다.
야호~! 간장 등의 액체 양념, 술 그리고 통조림 등
저장 식품을 분류하여 담았다.

두 번째 선반에는 냉장고 정리에서도 사용했던 수납 박스
3개를 조르르 놓고 사용하기로 결정. 수납 박스 뒤쪽 바닥에
작은 바퀴가 달려 있어 꺼내고, 넣기가 한결 수월하다.

위의 플라스틱 수납 박스 세 개를 놓고 남은 애매한 공간에 폭이
좁은 수납 트레이가 딱 맞아떨어졌다. 이럴 때 뛸 듯이 기쁘다.
여기에 김과 건표고버섯 같은 식품을 세워서 보관.

맨 아래 선반에는 손잡이가 달려 있어 더욱 편리한 핸디형 수납
박스 2개를 포개 놓고, 하나는 베이킹 도구, 다른 하나에는
사용하고 남은 설탕과 소금 등을 봉지째 넣어두었다.

나란히 놓은 또 하나의 수납 박스에는 밀폐 유리병에 보관한
고추장과 긴 병에 담은 까나리액젓 등이 얌전하게 놓였다. 비슷
한 종류끼리, 정말 끼리끼리!

그리고 수납장 맨 위쪽에는 나의 블로그 '그곳에 그 집' 인기
아이템인 알루미늄 솥단지와 커다란 스테인리스 스틸 볼이
사이 좋게 자리를 지키고 있다. 소재만 다를 뿐, 넉넉한 크기의
볼이라는 점에서는 얘들도 비슷비슷하다.

위의 플라스틱 박스 세 개 중에서 오른쪽 수납 박스에는 재활용
페트병과 유리병을 담아놓고, 가운데는 고추장 통, 맨 좌측
박스에는 실온 보관용 건강보조식품을 담았다.

싱크대 하부장 수납에서 사용했던 2단 플라스틱 박스.
여기서는 2개를 쌓지 않고 나란히 놓고 사용한다(2개를 쌓기에
는 수납장이 조금 낮다). 그중 하나의 수납 박스에는 부직포
걸레 등 청소용품을 수납했다.

PS, 땅굴마님의 소소한 다짐

얼마 전, 집주인과 전세 계약 연장이

극적으로(?) 타결되었다.

그래서인지 전과 다르게

내 집에 무한 애정을 쏟기 시작했다.

오늘, 이 비좁은 공간을 정리하고 나서

다용도실의 쪽창으로 감상하는

시린 하늘빛이 상쾌하다.

그래, 더 열심히 살아보자.

더 반짝반짝하게, 더 깔끔하게

그리고 더 맛있게!

침실 서랍장 수납

청소를 막 끝내고, 먼지 쓰고 물일 하느라 천대받았던 두 손에 핸드로션까지 싹싹 발라준 후에 핸드 드립 커피
한 잔. 다 됐다. 모든 곳이 다 깨끗하다. 바람은 살랑 불고, 음악도 살랑. 처음 이사 온 사람처럼 집 안 곳곳을
검사(?)하며 돌아다니다가 침실을 보니… 갑자기 머릿속에서 종소리 같은 게 들리기 시작한다.
'서랍장을 정리해야 해, 서랍장을 정리해야 해~.'
아아! 안 될 일이다. 몹쓸 짓이 분명하다. 먼지 없애고, 물걸레질까지 싹 끝낸 이 마당에 서랍을 다시 뒤집는다고?
그건 살림의 초보인 새댁들이나 할 짓이다. 그런데 '안 돼!'라고 외치는 머릿속과 달리, 몸은 어느새 서랍장을
향해 가고 있다. 내 몸속에 숨어 있던 무수리 기질, 아니 하녀 기질이 다시 발동한 것이다.
서랍을 열어보니 다시 전투 욕구가 솟아오른다. 닫았을 땐 천사 같던 이 가구가 막상 열어 보니 폭탄을 품고 있었다.
남편 속옷, 내 속옷, 남편 양말, 내 양말, 긴 스타킹, 짧은 스타킹…. 사람 사는 데는 왜 이렇게 많은 물건들이
필요한 것인지 모르겠다. 부끄러운 줄도 모르고, 버선목 뒤집어 보이듯이 속옷까지 다 풀어헤치는 과정을
공개하는 것은 살림하는 여자들의 마음을 아는 까닭이다. 정리해도 사나흘이면 다시 폭탄을 맞는
무시무시한 서랍 속을 옴짝달싹 못하게 묶어버리는 비장의 무기들을 함께 나누고 싶은 까닭이다.
문제는 접기. 어떻게 접어서 어떻게 넣을지 결정하면 서랍 속의 적군들을 무장 해제시키는 일은 그리
어렵지 않다. 해보자, 까짓! 접는 데 돈이 드는 것도 아니니 한번 해보는 거다. 희망이 있다면,
이렇게 소심한 접기 놀이가 처음에는 어려운 듯해도 얼마 지나지 않아 습관처럼 손에 붙는다는 것. 그쯤 되면
서랍장이 더 이상 고민의 대상이 될 이유가 없다. 티셔츠, 속옷, 양말, 화장품… 오늘 너희들, 다 죽었다.

서랍장 수납 1_티셔츠 접기

누구나 한두 번쯤 경험이 있을 것이다. 양쪽 어깨에 뿔을 달고 외출해 본 경험 말이다. 몇 천원짜리 티셔츠들이야 삼각으로 접든, 공처럼 말아서 어딘가에 던져두든 전혀 신경 쓰이지 않지만, 문제는 고가의 티셔츠들이다. 큰맘 먹고 구입했으니 아끼는 차원에서 옷걸이에 걸었다가 낭패를 보는 것이다. 얇은 옷걸이 때문에 살 때는 없었던 어깨 뿔이 돋아나니까. 뿔 나지 않게 걸어두는 옷걸이도 등장했지만, 가격이 만만치 않아서 접기 쪽에 무게를 두기로 했다.

특히 두께가 얇은 티셔츠는 서랍장에 접어서 수납하는 것이 형태 보존이 잘 되고, 한눈에 식별하기가 쉽다. 나의 경우에는 서랍장 속에 3열 종대로 티셔츠를 정리할 계획을 세우고, 서랍장 전체의 3분의 1 폭이 되는 서류 정리 파일을 준비했다. 집에 파일이 없다면 마분지나 박스 종이 같은 것을 잘라서 사용하는 것도 방법이다. 잘라 놓은 마분지는 버리지 말고, 세탁실이나 늘 빨래를 개는 장소 어딘가에 비치해 둔다. 조금 빳빳한 비닐류를 사용하면 더 오래 쓸 수 있다.

티셔츠 접는 법

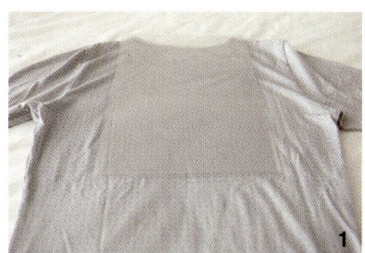

1 티셔츠의 뒤판이 위로 향하도록 한 뒤, 준비한 파일이나 마분지를 티셔츠 상단 중심에 반듯하게 놓는다.

2 파일 폭에 맞춰 한쪽 소매 부분을 접는다.

3 나머지 소매 부분도 접어준다.

4 이번에는 티셔츠의 몸판을 위로 올려 반으로 접어준다.

5 티셔츠 속에 끼워져 있던 파일을 제거한다.

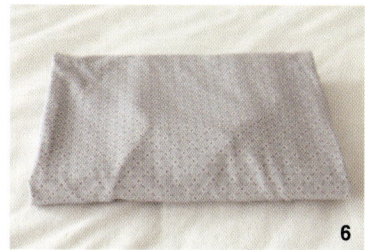

6 위의 상태에서 다시 한 번, 몸판을 길이의 반으로 접어주면 마무리.

7 서랍장에 티셔츠를 넣을 때는 매끄럽게 접힌 단면이 위로 올라오도록 한다. 무색이나 원색 등 색상별로 구분하면 한결 보기 좋고, 쉽게 찾을 수 있다.

서랍장 수납 2_레깅스 접기

이제 더 이상 레깅스가 없는 세상은 상상할 수 없게 되었다. 이게 다 유행 탓이다. 언제부턴가 스멀스멀 젊은 여자들 사이에 레깅스가 유행하기에 잔뜩 욕을 했었는데….
"누구 염장 지르나? 태생이 살 없는 여자들이나 입을 몹쓸 옷이구먼!" 하면서 말이다.
그런데 레깅스가 진화되니 입는 방법도 진화되었다. 군살 터지는 부분만 헐렁한 티셔츠나 스커트로 가려주면 되니 못 입을 일도 없지 않은가.
어쨌든 그리하여 서랍장 속에 레깅스 더미가 산을 이룬다. 두꺼운 것, 얇은 것, 면 스판, 레이스 스판 등등. 일반적인 팬츠보다 존재감이 약하다고 해서 함부로 말아 놓았다가는 서랍 속이 쑥대머리가 되기 십상이다. 기왕에 접을 참이라면 폼 나게 접어서 서랍 속도 구제하고, 내 기분도 살려보자.

레깅스 접는 법

1 레깅스의 앞면이 위로 오게 놓고 잘 펼친 뒤 뒤쪽이 위로 오게 반으로 포갠다.

2 튀어나온 엉덩이 여유분을 살짝 안쪽으로 접어 넣는다.

3 길이로 반 접는다. 롱 다리를 숏 다리로 만들어주는 것이다.

4 허리 밴드 부분을 안쪽으로 접는다. 길이의 절반쯤 되는 지점까지만 포개는 것이 요령.

5 밴드의 상단 부분을 마치 입을 벌리듯이 살짝 열어준다.

6 반대편의 접지 않은 부분을 들어 밴드 안쪽으로 끼워 넣는다.

7 평평하게 펼치고, 납작하게 눌러주면 레깅스 접기가 마무리된다.

8 레깅스도 티셔츠처럼, 접힌 부분이 보이지 않는 쪽이 위로 올라오도록 서랍 속에 넣는다. 색상이나 소재별로 모아서 넣어두는 것도 방법.

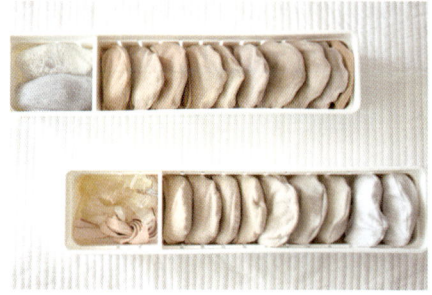 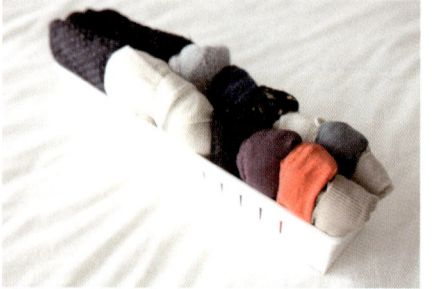

여유만만 서랍장
만들어주는 도구 활용하기

티셔츠나 레깅스처럼 어느 정도 크기와 부피가 있는 품목들은 누가 도와주지 않아도

넘어지지 않고 스스로 지탱할 수 있는 자립심이 있는 편. 그러나 문제는 속옷이나

양말 같은 꼬꼬마들이다. 워낙 사이즈가 작은 데다 접어놓기까지 하면 콩알만 해지기

십상. 그런 아이들을 서랍 속에서 데굴데굴 굴러다니게 하면 넣기는 편리해도

꺼낼 때마다 서랍을 뒤집어야 한다. 게다가 이리저리 뒤섞여 잘 접어두었던 것들이

머리를 풀어헤치듯 펼쳐지는 것도 시간문제다.

이럴 때 근본적인 문제를 해결하는 가장 좋은 방법은 맞춤 도구를 활용하는 것이다.

예전에는 우유팩이나 재활용 상자를 주로 활용했는데 그것도 오래 쓰다 보니

업그레이드가 필요한 것 같아서 서서히 도구로 눈을 돌렸다.

요즘은 정말 많은 도구들이 나와 있으니까.

서랍 전체에 칸을 지를 수 있게 하는 자유자재 칸막이에서부터 패브릭, 종이,

플라스틱, 바구니 등 다양한 소재까지 수납 도구 전성시대. 그중에서도 나는

플라스틱 소재의 깔끔한 도구를 즐겨 사용한다. 내가 쓰는 것 중에는 원하는 곳에

칸을 지를 수 있도록 만들어진 것도 있고, 뚜껑이나 손잡이가 달려 있는 것도 있다.

뚜껑이 있는 것은 계절감 있는 품목을 담아두기에 제격. 쓰지 않을 때는 딱 덮어서

깨끗하게 보관할 수 있으니 더할 나위 없이 좋다.

서랍장 수납 3_ 삼각팬티 접기

"속옷까지 다 꺼내도 괜찮을까요? 민망한데…."

"어머머! 속옷 없는 게 이상하죠. 속옷 안 입고 사는 사람 있나요?"

'이 양반이 그런데 자기 속옷 아니라고 이러는 건가?'…. 속옷 부분에서 편집자와 약간의 밀고
당기기를 끝낸 뒤 별수 없이 졌다. 하기는 속옷 안 입고 사는 사람 있나? 조금 민망하지만
괜찮다. 어쨌든 이 부분에서는 가장 야한(?) 삼각팬티 접는 방법부터 이야기해 보자.

삼각팬티 접는 법
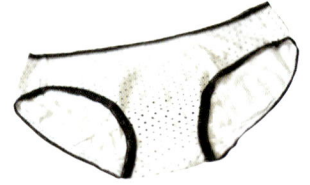

1 팬티의 앞면이 위로 향하도록 잘 펼쳐놓고, 전체의
3분의 1 폭으로 접는다.

2 이번에는 나머지 반대편을 안쪽으로 접어준다.

3 허리 밴드 부분도 역시 3분의 1 길이로 위에서 아
래로 접는다.

4 밴드 부분을 살짝 펼쳐서 열어준다.

5 남아 있는 아래쪽 부분을 말아 넣듯이 밴드 쪽으로
끼운다.

6 납작하게 눌러주면 삼각팬티 접기 완성.

서랍장 수납 4_트렁크팬티 접기

이번에는 남편들의 팬티 접기다. 사실, 정답이 있는 것은 분명 아니다.
내가 발명한 획기적인 방법도 아니다. 나 역시도 이런 방법을 어디선가 눈동냥, 귀동냥으로 접했다가
내가 접는 방법보다 이쪽이 더 낫다는 결론을 얻었을 것으로 생각된다. 그러니 한번쯤 따라해 보았다가
우리 집 서랍장에는 그다지 유익하지 않다는 결론이 내려진다면 흘려 넘겨도 좋겠다.

트렁크팬티 접는 법

1 팬티의 앞면이 위로 향하도록 잘 펼쳐놓고 반으로
포개어 접는다.

2 엉덩이의 튀어나온 여유분을 안쪽으로 접어준다.

3 이것을 다시 한 번 절반 크기가 되도록 접어준다.

4 허리 밴드 부분을 3분의 1 길이로 내려서 접는다.

5 위쪽의 밴드를 살짝 벌려 놓는다.

6 아래쪽을 밴드 부분 안으로 끼워넣은 뒤 각을 잡아
눌러주면 완성.

서랍장 수납 5_목이 긴 양말 접기 1, 2

요즘은 남녀 불문하고 대개 목이 짧은 양말들을 선호하는 편이다. 그러나 양복 입고 출근하는 남편들이야 어지간하면 목이 긴 양말을 집어 들게 되고, 더러 목 짧은 양말이 조금 불편해지는 상황이 오기도 한다. 그래서 '양말의 전통'이라고 할 수 있는 목이 긴 양말을 아껴주어야 하는 것. 목이 긴 양말은 두 가지로 나눠서 접는 방법을 소개한다. 마음에 드는 방법을 차용해서 활용하면 좋겠다.

목이 긴 양말 접는 법 1

1

2

3

4

1 두 짝 모두 바닥면이 위로 오도록 겹친 뒤 발뒤꿈치 부분을 밴드 방향이 아닌, 발가락 방향으로 접어준다.

2 겹쳐 놓은 두 짝 중 위의 한 짝만 양말 전체의 4분의 1 길이로 접어준다.

3 역시 위에 놓인 양말만 처음 접어준 만큼 다시 한 번 접어준다.

4 발목 밴드 부분을 두 짝 모두 안쪽으로 접어준다.

5

6

7

8

5 접지 않은 채 남겨 두었던 나머지 한 짝을 반으로 접는다.

6 두 개의 밴드 중 위쪽 밴드를 살짝 벌려 놓는다.

7 아직 마무리되지 못한 한 짝 부분을 밴드 속으로 끼운다.

8 각을 잡아 눌러주면 정리 끝. 목의 길이에 따라 접는 횟수를 적당히 늘려주면 된다. 접기가 끝난 양말을 준비한 트레이에 넣는다.

※ 땅굴마님 주
나는 개인적으로 모양이 예쁘게 만들어지는 이 방법을 선호한다. 땅굴마님은 '모양'을 특히 중요하게 생각하는 성향이 있으니까! 호호!

목이 긴 양말 접는 법 2

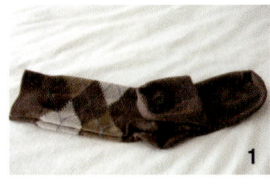
1

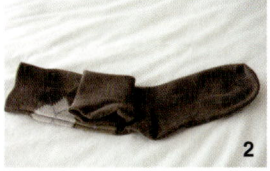
2

3

4

1 양말 두 짝을 옆면이 위로 향하도록 포갠 뒤 먼저 위쪽 양말만 발뒤꿈치를 안쪽으로 접고, 전체의 ¼ 길이만큼 접는다.

2 위에서 접었던 부분만큼 다시 한 번 더 접어준다.

3 목이 긴 양말 접는 법 1과 마찬가지로 발목 밴드 부분은 두 짝 모두 안으로 접는다.

4 접지 않은 채 남겨 두었던 나머지 한 짝의 발뒤꿈치를 안으로 접어 넣는다.

5

6

7

8

5 이 상태에서 접지 않은 부분의 양말이 길이로 절반이 접는다.

6 접혀 있는 두 개의 밴드 중에서 위쪽 밴드를 살짝 벌려 놓는다.

7 아직 접지 않은 부분을 밴드 속에 끼워준다.

8 각을 잡고 잘 눌러주면 완성. 역시 트레이 속에 차곡차곡 넣어준다.

서랍장 수납 6_목이 짧은 양말 접기 1, 2

목이 짧은 양말도 두 가지 종류가 있다. 목이 아예 없는 아이와 목이 어중간하게 있는 양말. 두 가지의 접는 방법이 비슷하기 때문에 굳이 사진으로 나열할 필요가 없음에도 불구하고, 좀 더 친절한 저자의 자세(?)를 갖추고 싶은 사명감에 일일이 나열해 보았다.

커버 양말 접는 법

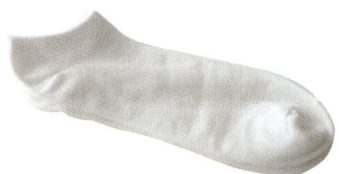

1 양말 두 짝 모두 바닥면이 위로 오도록 포개어 놓고, 발뒤꿈치를 밴드 방향이 아닌 발가락 방향으로 접는다.

2 두 짝 중 위의 한 짝만 발뒤꿈치 끝부분까지 접는다.

3 밴드 부분은 두 짝 모두 안으로 접은 뒤 위쪽의 밴드 입구를 살짝 벌려준다.

4 접지 않은 채 남겨두었던 앞부분을 밴드 안에 끼워 넣으면 정리 끝.

목 짧은 양말 접는 법

1 두 짝 모두 바닥면이 위로 오도록 하고, 발뒤꿈치를 발가락 방향으로 접는다.

2 양말을 포갠 상태에서 두 짝 중 위의 한 짝만 양말 전체의 3분의 1 길이로 접어준다.

3 밴드 부분은 두 짝 모두 안쪽으로 접어준다.

4 두 개의 밴드 중 위쪽 밴드 부분을 살짝 벌려준다.

5 접지 않은 채 남겨두었던 앞부분을 밴드 안에 끼워 넣어주면 완성.

서랍장 수납 7_덧신 접기 1, 2

유행이라는 게 뭔지… 이번에는 덧신이다. 덧신이 대체 언제적 덧신인가 말이다. 어릴 때, 학교나 유치원 같은 데서 신었던가? 아니면 살림하는 엄마가 집 안에서는 언제나 꽃 덧신을 신고 있었던가? 어쨌든 이 덧신이 요즘은 더운 바람 불기 시작하면 등장하는 여자들의 필수품이 되었다. 워낙 존재감이 없어 굴러다니기 십상이라 처음부터 정리해 둬야만 한다. 그리고 그대로 서랍 속에 넣기보다 폭이 좁은 수납 박스에 모아서 서랍에 넣는 것이 좋은데, 덧신의 양이 많지 않을 때는 박스 한쪽에 투명 브래지어 끈과 같은 부피 적은 소품을 함께 넣어도 좋다. 덧신이 많을 때는 망사, 면, 스타킹 소재 등 수납 박스를 달리 해서 비슷한 종류끼리 모아 두면 꺼내 신을 때 편리하다.

덧신 접는 법

1 두 짝의 덧신을 한 짝으로 포갠다.

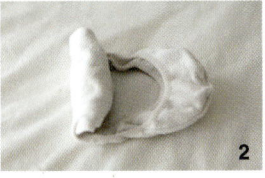

2 발뒤꿈치부터 앞쪽을 향해 돌돌 말아 준다.

3 잘 말아준 덧신을 발가락 부분에 쏙 끼워 넣으면 완성.

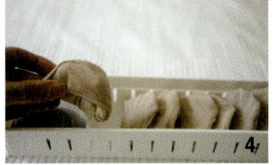

4 수납 박스에 정리할 때는 덧신의 발가락 부분이 위로 향하도록 넣는 것이 깔끔! 곱게 빚은 만두 같은 느낌이랄까?

Tip

구멍 난 덧신을 꿰매는 쉬운 방법

스타킹 소재의 얇은 덧신은 구멍이 나면 꿰매기가 살짝 까다로운 편이다. 양말처럼 손을 쏙 끼워넣어서 작업할 수 있는 게 아니니 손에 쥐가 나기 십상. 귀한 손가락에 바늘구멍이라도 생기는 날에는 더욱 낭패를 볼 수 있으므로 쉬운 방법을 응용해 보자. 알전구가 바로 그 주인공. 알전구에 덧신을 팽팽하게 끼우고 전구의 목 부분을 손으로 가볍게 잡은 뒤 리드미컬하게 바느질을! 은근히 재미가 나서 구멍 난 덧신을 꿰매 신는 일이 하나도 서글프지 않다.

서랍장 수납 8_판탈롱스타킹 접기

양말 하나도 이렇게 종류가 많으니… 인생이 번잡할 수밖에. 그렇다고 누구는 제대로 접어주고, 누구는 처박아 놓을 수도 없으니 공평하게 접기로 한다. 평등 원칙에 따라서! 우선 판탈롱스타킹부터 해결해 보자.

판탈롱 스타킹 접는 법

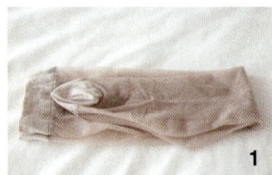

1 스타킹 두 장을 포개 발가락 부분이 밴드 바로 아래쪽까지 오도록 반으로 접어준다.

2 반으로 접은 것을 다시 한 번 더 반으로 접는다.

3 남은 부분을 돌돌돌, 돌돌이처럼 말아준다.

4 위쪽 밴드 부분을 살짝 벌려 놓는다.

5 밴드 부분을 뒤집어서 말아 놓은 스타킹을 감싸준다.

6 한 주먹거리도 되지 않게 사이즈가 줄어버린 스타킹!

7 수납 박스에 넣어서 서랍 속에 정리한다.

서랍장 수납 9_팬티스타킹 접기

판탈롱스타킹도 그렇지만 팬티스타킹 역시 기껏 손빨래해서 잘 말린 뒤에는 절반으로 턱 접어 노끈을 묶듯이 묶어버리기 십상이다. 그렇게 되면 서랍장 속에 그냥 던져두게 되는 거다. 시작부터 귀하게 다뤄주어야 정리하는 일에도 진심이 담기는 법. 후들거려서 접기 어려운 소재이기는 해도 안 될 것은 없으니 깔끔하게 접어보자.

팬티스타킹 접는 법

1 두 짝의 다리 부분을 하나로 포갠다.

2 포개 놓은 스타킹을 전체의 절반 길이로 접어준다.

3 허리 밴드 부분이 위로 올라오도록 해서 3분의 1 지점까지 접는다.

4 위쪽 밴드 부분을 살짝 벌려 놓는다.

5 접지 않고 남겨둔 부분을 벌려 놓은 밴드 속에 끼워 넣는다.

6 납작하게 눌러가면서 마무리 정리를 한다.

7 길고 긴 스타킹의 접기 완성!

서랍장 수납 10_겨울용 타이즈 접기

이제 지루하던 양말류 접기의 마지막인 타이즈다. 주로 니트류의 두툼한 조직으로 되어 있는 타이즈는 한두 개만 허투루 정리해도 서랍 공간을 은근히 많이 잡아먹는 일종의 하마. 신지 않는 계절을 위해서 뚜껑이 있는 수납 박스에 담아 보관해 두는 것이 가장 좋다.

나는 두 가지 사이즈의 수납 박스를 준비했다. 큰 사이즈는 DVD 수납용이고, 작은 사이즈는 CD 수납용인데, 드레스 룸의 선반 위에 올려놓기 딱 좋은 사이즈라, 큰 사이즈의 박스에 겨울 타이즈를 수납하기로 했다. 칸 조절이 되는 칸막이가 있어 더욱 편리하고, 라벨지에 손 글씨로 품목을 써서 박스 앞면에 붙여 놓으면 쉽게 찾을 수 있다.

한 가지 더 잊지 말아야 할 것은 수납 박스 속에 보관하는 동안 벌레가 생겨서 아까운 타이즈에 구멍이 생기지 않도록 방충제를 넣어주는 것이 좋다. 나는 라벤더 향기가 폴폴 풍기는 방충제로 안전장치를 했다.

겨울용 타이즈 접는 법

1 타이즈 앞면을 평평하게 잘 편 뒤 두 짝의 다리 부분이 서로 만나도록 포갠다.

2 이번에는 길이로 절반을 접는다.

3 엉덩이 여유분을 안쪽으로 살짝 접어 넣는다.

4 엉덩이 여유분을 안쪽으로 접으면 이런 모양이 완성된다.

5 허리 밴드 부분을 안쪽으로 접는다.

6 위쪽 밴드 부분을 살짝 벌려 놓는다.

7 남겨진 부분을 밴드 안쪽으로 밀어 넣는다.

8 납작하게 잘 눌러주면서 각을 잡으면 완성.

9 라벨지를 붙여 놓은 수납 박스에 촘촘히 담는다. 이때, 방충제를 함께 넣는 것을 잊지 말 것.

서랍장 수납 11_ 화장품 정리하기

화장품이 본의 아니게 이사를 했다. 양말, 속옷, 티셔츠 등과 함께 살던 아이가 이를테면 주인의 강력한 요구로 다른 전셋집을 찾아가게 된 것이다. 기능이나 활용도를 고려할 때 화장품은 역시 단독 수납이 좋겠다는 생각이 들었고, 드레스 룸 한쪽에 있는 나지막한 서랍 쪽으로 이동시키게 된 것이다. 높이가 있는 기초 화장품은 깊이가 낮은 서랍장에 세워둘 수가 없으니 원목트레이에 넣어 보관하고, 메이크업 종류의 화장품과 눕혀 놓아도 무리가 없는 화장품류를 서랍에 수납했다.

그런데 문제는 수납 박스다. 립스틱, 마스카라, 펜슬… 종류도 가지가지~! 분류를 잘해야 할 텐데… 서랍이 낮아서 수납 박스 섭외하기가 만만치 않다.

고민 끝에 찾아낸 대안은 그동안 모아두었던 샌드위치 포장 박스. 높이도, 서랍장 안의 폭과도 딱 맞아떨어진다. 올레! 여기에 시판용 바퀴 달린 박스와 서랍 형태의 박스 등을 플러스하여 복잡한 생태계의 화장품들을 제법 쓰임새 있게 정리하게 되었다. 흠… 대만족이다. 이만하면 됐다. 짝짝짝!

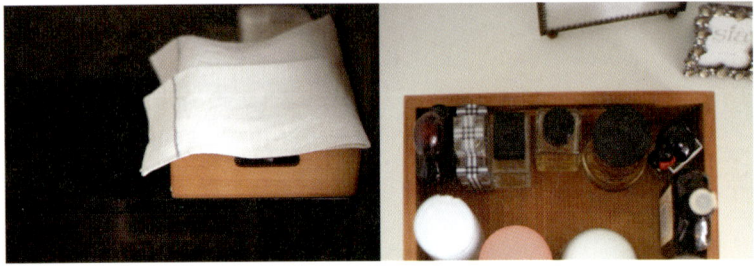

매일매일, 즐겨 쓰는 화장품 정리하기

즐겨 쓰는 화장품들은 서랍 속 대신 서랍장 위쪽에 모아두기로 했다. 보기 좋고, 쓰기 좋게 착착 세워서. 먼지 타는 것을 방지하기 위해 우리 집에 남아도는(?) 키친클로스를 살짝 덮어주었다.

샌드위치 박스에 메이크업 제품 수납

서랍 속 한가득 채워진 샌드위치 박스. 마음이 이렇게 뿌듯할 수가 없다. 돈 한 푼 안 들이고 이토록 완벽한 수납 도구를 품에 안게 되다니! 박스마다 비슷한 종류의 제품들을 모아서 정리했다.

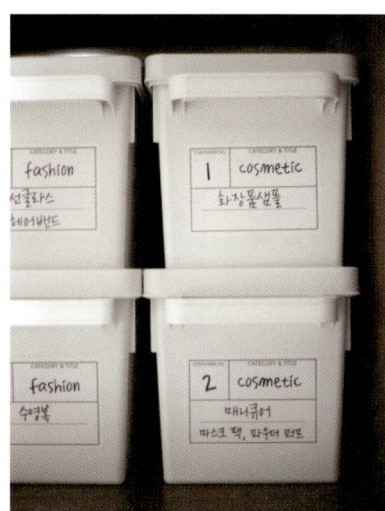

가구가 되어준 CD 박스의 맹활약

보기에도 썩 예쁜 CD 박스. 손잡이가 달려
있어 편리한 데다 앞쪽에 라벨지가 붙어 있어서
더욱 요긴한 제품이다. 4개의 박스를
2단으로 쌓은 뒤 서로 다른 품목들을
정리해 두었더니 기분이 산뜻해진다. 수영복,
선글라스와 헤어밴드, 마스크 팩류 그리고
앞서 소개한 샘플까지… 이제 더 이상 여한이
없다.

드라이어, 여성 위생용품들은 바퀴 달린 박스에 별도 수납

없어서는 안 되지만 서랍 속에 넣어두기에는 부피가 좀 크고, 그렇다고 당당하게 꺼내놓기에는
살짝 얼굴이 붉어지는 물건들은 서랍장 하단의 빈 공간에 별도로 숨겨두었다. 바퀴가
달려 있어 이동이 편리한 오픈 형태의 플라스틱 박스 위에 또 하나의 박스를 쌓아 2단으로
만든 뒤 살짝 숨겨 놓은 것. 위 칸에는 드라이어, 머리빗, 보디로션 등을 수납하고,
아래 칸에는 위생용품, 물티슈, 테이프 클리너 등의 잡동사니까지 함께 넣어두었다.

화장품 샘플들은 두 개의 박스에 정리

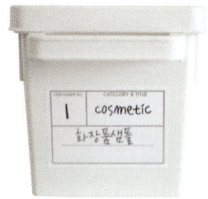

뒤져보면 은근히 많이 나오는 샘플 화장품들. 꼭 쓰겠다고 다짐하지만 사실은 유통 기한이
너무 많이 지나서 버리게 되는 일이 많다. 그런 문제를 없애려면 말 그대로 종류대로 모아서
별도의 공간에 정리해두는 것이 방법. 나는 두 개의 수납 박스를 활용했다. 칸막이가 있는
플라스틱 박스에 샘플들을 종류대로 모아 담은 뒤 라벨지를 붙여 찾기 쉽게 하는 것이 우선.
이 수납 박스를 서랍 속에 정리해 두기가 마땅치 않아서 뚜껑과 손잡이가 달려 있는
CD 박스 속에 따로 보관했다.

서류 & 잡동사니 파일 박스 수납

종류대로 모아서 정리할 수 있는 물건들이야 어느 정도 답이 나와 있는 편이다. 어디든 지들끼리 모여 살게 해주면 그만이니까. 그런데 문제는 분류조차 되지 않는 잡동사니들이다. 집에 들어올 때마다 무슨 금은보화라도 되는 양 하나씩 들고 오는 각종 봉투들. 비닐 백, 종이 백, 큰 백, 작은 백, 그런 것들 말이다. 그뿐인가. 요리 레시피, 온갖 제품들의 사용 설명서나 보증서, 각종 영수증들…. 저마다 어딘가에 흩어져 있어 막상 쓰려고 할 때는 쉽게 찾을 수 없는 이런 잡동사니들은 한몫에 해결할 수 있어야 한다. 어떡하지? 어떡하면 좋을까?… 하면서 다람쥐처럼 종종거리다가 방법을 찾았다.

파일 박스를 활용하는 것이다. 작업실 선반 위에 올려놓고 DIY 재료들을 넣어두던 파일 박스를 잡동사니 수납공간으로 적극 활용하기로 한 것이다. 단, 겉에서 보기에도 한눈에 분류가 가능하도록 라벨링을 해야 하는데 워낙 폼 나는 것을 좋아하는 나는 DIY에 주로 사용하는 철제 명찰 꽂이를 활용하기로 했다. 역시 사람이든, 물건이든 안팎이 다 실해야 한다. 이렇게 완성해 놓고 보니 보기 좋은 떡이 맛도 좋은 것 같다는 생각!

명찰 꽂이와 네임 태그 부착하는 법

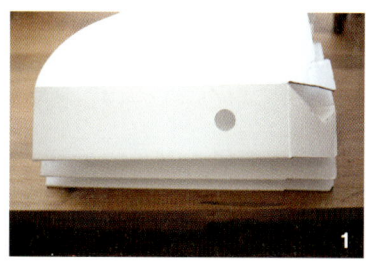

1 납작하게 펼쳐진 상태로 판매하는 파일 박스. 대형 문구점이나 소품점 등에서 구입하는데 나는 '이케아'에서 샀다.

2 구입한 파일 박스를 조립해서 각 잡아 세워준다.

3 철제 명찰 꽂이의 뒷면에 글루건을 쏘아준다. 약간 꾸덕꾸덕해질 때까지 기다릴 것.

4 적당히 굳으면 파일 박스 앞면에 하나씩 부착한다.

5 명찰 꽂이 안쪽에 들어갈 수 있는 크기의 라벨지를 준비한다. 깨끗한 종이를 잘라서 사용해도 무방하다. 여기에 수납할 품목의 이름을 적는다.

6 라벨지를 명찰 꽂이 안쪽에 끼워 넣으면 완성.

빈 가구는 반갑다. 뭘 넣을까 고민하면서 즐겁다. 이 정다운 빈집에 누구를 살게 해줄까?

사랑하는 조각 천들 당첨이다. 집 없는 설움은 모두 잊거라, 애들아!

식탁에 차린 조각 천 잔칫상. 툭하면 이런다, 나는. 박스 박스 담아 놓은 조각 천들 괜히 다 꺼내다가 물도 뿌려주고, 다림질도 해주고. 아끼는 것들이라 그런가 보다. 어쨌든 이렇게 늘어놓으면 보기에 썩 나쁘지는 않지만, 허구한 날 이렇게 잔치를 벌일 수만은 없는 일이다. 그럼 밥은 어디서 먹나? 커피는 어디서 타고? 그러니 고운 조각 천들이 제 빛을 잃지 않도록 정리해 주고 싶어졌다. 바구니도, 박스도 모두 다 시원치 않던 참에 마치 인연처럼 나타난 선반장 하나. 꺄아~! 실제로 이 선반장을 발견했을 때 지른 함성이다. 위쪽으로 들어 올리는 빈티지한 유리문 하며, 세월의 흔적이 고스란히 묻어나는 낡은 소나무라니. 정말 감동이다. 지인에게 어렵게 인수받은 제품인 데다 기성품이 아니라서 출처를 공유하지 못함을 안타깝게 생각한다. 작업실 한쪽에 자리를 잡아주고, 조각 천들을 정리해 보니 뿌듯함이 하늘을 찌른다.

전용 수납장에 조각조각 작은 원단 수납하기
신부의 면사포를 살포시 올리듯 유리문을 살짝 올려 열어보면 식탁 위에 거하게 한 상 차렸던 조각 천들이
깔끔하게 자리를 잡았다. 색깔별, 크기별로 모아서 정리해 두니 한 폭의 그림이 부럽지 않다.

크기 작은 박스와 수납 도구에도 조각 천 수납
선반장과 더불어 조각 천 수납을 위해 사용한 원목 박스. 앤티크한 원목 박스의 느낌을 살려서 보다 더 앤티크한
원단을 접어두었더니 오호! 돈 주고 산 소품 역할을 한다. 그 한옆으로는 칸칸이 서랍식 수납장. 정말 코딱지만
한 조각 천들을 따로 모아두었다. 돋보기로 찾아야 할 만큼 작은 조각 천이라고 해도 반드시 쓸모가 있으므로
꽃무늬는 꽃무늬끼리, 무지는 무지끼리, 스트라이프는 스트라이프끼리 분류해서 착착!

두껍거나 사이즈 큰 원단들은 MDF 박스에 수납
여기 원단이 드리워진 박스의 정체는? 남편이 대학 시절부터 사용했던 MDF 박스인데 박스
두개를 포개 놓고, 그 위에 원목 상판을 얹었다. 사진에서는 보이지 않는 왼쪽 편에도
MDF 박스 2개가 상판을 지탱하고 있으니 나름대로 테이블 하나가 만들어진 셈이다.
원목 상판 1개 + MDF 박스 4개 = 수납이 가능한 테이블 1개! 이렇게 말이다.
여기 2개의 박스에는 사이즈가 큰 원단들을 보관한다. 아래쪽에는 모직과 면기모 등
가을 겨울철 원단, 위쪽에는 리넨과 면을 수납하여 분류했다.

액세서리 수납

작은 귀고리에서부터 나름 금이 살짝 섞인 예물이나 기타 등등의 품목들은 서랍 속에 전용 도구를 넣은 뒤 정리했다. 서랍 속 칸칸 수납 도구는 '무인양품'에서 구입한 것. 그런데 문제는 값은 나가지 않아도 늘 하고 다니는 아이들. 그중에서도 길이가 긴 목걸이는 잘 엉키기 쉽고, 한두 개라면 수납 그까이꺼~ 하겠지만, 패션을 사랑하는 띵굴마님이 아닌가! 목걸이 개수가 무려 50여 개에 이른다.

과연 이 많은 목걸이를 어떻게 수납해야 한단 말인가? 넥타이 걸이에 걸어야 할까? 나사로 고정해야 할 텐데 부담스럽고, 부착식 행어에? 그건 한 번 붙이면 떼기도 어려울뿐더러, 아름답지 못하다. 이리저리 궁리 끝에 숨은 공간을 활용한 액세서리 수납하기 나름의 해답을 찾았다. 붙박이장 문짝 안쪽에 목걸이 집을 만든 것. 여기에 아이디어를 보태 뭉게구름 모양의 귀고리 행어까지 곁들여주니 옷장 안에 자연이 담겼다. 귀고리구름 아래로 목걸이 비가 내린다. 그것도 한여름 장마철의 장대비가! 하하하!

어쨌든 지금보다 편리하게, 좀 더 아름답게 궁리하는 일은 무척이나 흥미롭다. 더구나 수납이라는 것. 하면 할수록 나의 잠재력에 똑! 똑! 노크를 하는 것만 같다. 그래서 요즘은 정말 수납이 좋아진다. 좋아, 좋아! 수납이 좋아!

목걸이 행어 만드는 법

1 침실 안쪽에 드레스 룸이 있다. 드르륵~ 슬라이딩 도어를 열면 등장하는 공간.

2 드레스 룸 안쪽에 위치한 붙박이장은 계절 옷을 주로 보관하는 수납장. 그 문 안쪽 면을 활용하여 목걸이를 수납하기로 결정하고 일단 깨끗하게 닦았다.

3 위쪽에는 짧은 것, 아래쪽에는 긴 것을 수납할 계획. 짧은 것 중에서도 나름 긴 것의 길이를 재고, 긴 것 중 가장 긴 목걸이의 길이를 측정해 문짝 안쪽에 표시한다. 마스킹테이프로 행어 탭을 붙일 라인을 정한다. 수평이 맞지 않으면 은근히 짜증나니까.

4 목걸이를 걸 수 있도록 도와줄 기특한 주인공은 바로 소프트 행어 탭이다. 부착식 행어에 비해 면적을 덜 차지하고, 떼어낼 때도 용이하다. 특히 마음에 드는 것은 투명하다는 것. 존재감이 거의 없어 눈에 거슬리지 않는다. PET 재질에 양면테이프 처리가 되어 있어서 적정 하중 250g만 준수하면 OK! 가격도 착하게 한 장, 천원. 마스킹테이프 라인을 따라 행어 탭을 부착한다. 여기에 목걸이를 걸기만 하면 끝!

Tip

어허! 그런데 문을 열고 닫을 때 목걸이가 찰랑찰랑 문에 부딪히는 소리가 거슬린다. 충격에 목걸이가 깨질까 염려된다면 완충재를 한 겹 덧대 주는 것이 방법. 왼쪽 페이지 완성 사진에서 볼 수 있듯이 나는 깨끗한 원단에 접착 솜 한 겹을 대고, 바느질로 마무리해 완충 패드를 만들었다. 이렇게 해주니 목걸이들이 흔들리지 않고 얌전하다. 완충 패드는 3M 양면테이프 중에서도 두께가 두툼한 제품을 사용해서 붙여야 안심!

귀고리 행어 만드는 법

1 하얀 무명천을 구름 모양으로 2장, 접착 솜은 천보다 조금 작은 크기로 재단한다. 나는 폭신하게 5겹의 솜을 덧대었다. 무명천 1장에 접착 솜을 얹고, 천과 솜을 동시에 잡아 듬성듬성 땀을 주며 홈질한다.

2 남은 1장의 원단을 솜 위에 얹은 뒤 솜이 닿지 않은 원단 부분을 박음질한다. 이때 창구멍을 남겨 두었다가 뒤집어준 뒤 창구멍만 마무리해 박아주면 완성.

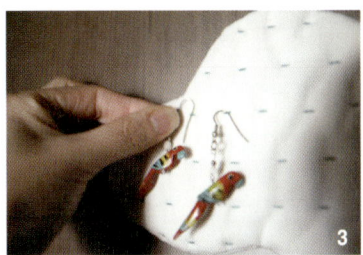

3 듬성듬성 홈질한 바늘땀에 귀고리를 하나씩 끼운다. 그러니까 여기는 걸이식 귀고리를 수납할 수 있는 자리. 이만하면 아이디어가 돋보이는 수납법이 아닐까, 라고 나름 자부하며 뭉게구름을 기꺼이 내 식구로 받아들였다. 이 완충 패드 역시 두툼한 양면테이프를 사용해 옷장 안쪽에 부착했다.

His Room

휴일 한낮, 볕이 드는 창가에 앉아서 그 남자가 책을 읽는다.

Her Play

휴일 한낮, 조각 천 밭이 된 거실에서 그 여자가 바느질을 한다.

때로는 한숨이거나 눈물,

때로는 가슴 저미는 기쁨

여자에게 살림이란…

[인생]

: 사람이 세상을 살아가는 일

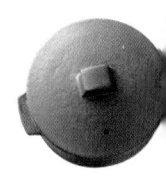

내 생애 첫 책을 만들면서 생각했다. 이 세상 그 어떤 일도 그럭저럭, 허투루 주어지지는 않는다는 것을. 살림밖에 모르던 새장 속의 나에게 조금 더 큰 세상을 가르쳐주었다고나 할까. 그래서 부끄럽고, 그래서 미안하다. 감사하게도 내 책을 집어주고 열어준 모든 독자들에게. 이토록 어설픈 살림 이야기를 감히 책으로 묶어낼 생각을 하다니… 그저 순진한 소꿉놀이 같은 일상들을 쓰고, 찍어, 새록새록 담아내면서 나는 왠지 이제야 비로소 어른이 된 것 같기도 하다.

너도 하고, 나도 하고, 우리는 모두 살림을 한다. 모이면 밥 지어 먹을 이야기를 하고, 빨래를 더 하얗게 빨아 너는 방법을 이야기한다. 베란다에 겨우 꽃 화분 몇 개 들여놓고도 마음에 기쁨이 흘러넘치고, 서랍 속의 양말을 보기 좋게 개켜 놓고도 어깨가 우쭐해진다. 그게 여자다. 그게 주부다. 착하고 순한, 어린아이처럼 점점 꿈이 작아지는….

그래서 아플 때가 있었다. 나는 내가 더 괜찮은 사람으로 한세상을 누릴 수 있을 줄 알았는데… 살림 속에 파묻혀서 자꾸만 작아지는 나를 발견할 때마다 명치끝이 주사를 맞은 것처럼 따끔하게 저려왔다. 어쩌면 당신도 그러할 것이라고… 그래서 살림 말고 다른 일, 나를 빛나게 하고 내 이름을 찾게 할 만한 무엇이 없는지 두리번거리고 있을 거라고 생각해 보게 되는 것이다. 때로 혹은 자주, 내 마음이 그랬으니까.

하지만 이제 나는 안다. 여자에게 살림이란 한 편의 인생이라는 것. 그렇게 생각하기로 한다. 내가 아니면 내 집을, 내 가족을, 그 누구도 이렇게 도란도란 만져주고 가꿔줄 수 없다는 것을 말이다. 그러니 살림은 인생이고, 또 행복이며 찬란한 기쁨이 아닌지.

어제보다 기쁘게 한 걸음, 쓴맛은 다 지우고 달달하게 또 한 걸음, 그렇게 갔으면 좋겠다. 우리 모두. 그래서 살림의 기쁨으로 인생이 채워지고, 나의 기쁜 솜씨에 내 가족이 모두 웃고, 더불어 오직 하나뿐인 내 인생이 싱싱한 오렌지 알맹이처럼 그렇게 툭툭 터졌으면 좋겠다. 복이 터지듯, 행복이 터지듯, 그렇게.

모두모두 파이팅! 우리는 내일도 그렇게 모여 앉아 밥을 짓고, 빨래를 널고, 집 안을 단장하는 이야기에 웃음꽃을 피울 것 같다. 왜냐하면 우리에겐 그것이 인생이니까. 그게 전부니까.

독자들에게 깊은 감사를 전하며… '띵굴마님' 이혜선 씀

'띵굴마님'의 단골 가게들 33

※ 매장 별로 😊 표시가 된 것은 '살림이 좋아' 본문에 소개된 제품들,
  '띵굴마님'이 직접 구입해서 사용하고 있는 제품들에 대한 항목 표시입니다.

꽃과 소품

올리브키스 원예 도구 및 소가구와 소품
😊 가드닝 박스, 양동이, 토분, 바구니, 거실 베란다 의자 외
서울시 서초구 반포동 19-4 경부선 3층 꽃상가 260호 / T. 02-593-1538

현대리본 원예 도구 및 소품
😊 가드닝 박스, 토분, 리본 외
서울시 서초구 반포동 19-4 경부선 3층 꽃상가 171호
T. 02-535-1122

이레데코 각종 화분, 돌
😊 돌, 이끼
경기도 과천시 주암동 142 화훼집하장 신동 6호
T. 02-503-6200

광야의 태양
각종 원예 도구
😊 베란다 바닥 매트리스,
리스 틀 외
서울시 서초구 반포동 19-4 경부선
3층 꽃상가 261호 / T. 02-532-0307

리틀하우스
가드닝 박스 및 소품
😊 말린 과일, 시나몬 스틱
서울시 서초구 반포동 19-4 경부선
3층 꽃상가 312호
T. 02-536-4855

미리내농원
허브와 꽃, 각종 식물들
😊 베란다 가든 식물
경기도 과천시 주암동 92-1
T. 02-507-1027

나무와
허브, 페인트

허브테라피
아로마 소품 및 재료,
천연 비누 만들기 재료 외

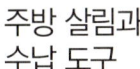 라벤더 드라이 허브
T. 031-405-9754
www.herbtherapy.co.kr

캠핑온
캠핑 및 아웃도어용 도구 전문

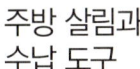 크리스마스 장작
T. 02-579-9495
www.campingon.co.kr

송인목재
건축 및 가구용 목재

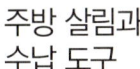 침실 선반용 고재
T. 031-541-2368
www.song-in.com

나무와사람들
천연 페인트, 우드 스테인 및 페인팅 도구

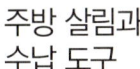 던 에드워드 천연 페인트
T. 02-3679-0101 / www.jeswood.com

서울흑판
각종 컬러 보드와 보드 스탠드, DIY 보드 외

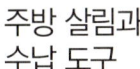 다현이 방 컬러 보드
T. 053-255-4447 / www.7fan.co.kr

주방 살림과
수납 도구

미스달스튜디오 주방 및 생활 소품, 패브릭 소품, 인테리어 소품 외

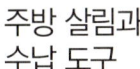 유리병, 주방용품, 수납용품 외 다수 / T. 010-6276-6282 / www.missdal.com

주방 살림과 수납 도구

이마트 자연주의
주방용품 및 패션, 인테리어,
생활용품

👩 냉장고 수납용 밀폐 용기
www.emart.com

창신리빙
각종 수납용품 및 소가구

👩 싱크대 서랍 커트러리 수납 도구
T. 02-972-3127
www.changsinmall.com

카페뮤제오
커피 및 커피 관련 각종 도구

👩 커피 도구
T. 02-2607-0918
www.caffemuseo.co.kr

오일클로스
패브릭 및 부자재, 옷, 주방용품, 생활 소품 외

👩 뚝배기, 깨 절구 외
T. 070-4155-6060 / www.oilcloth.co.kr

장원바구니
바구니 및 라탄 소재 소품

👩 바구니
서울시 서초구 반포동 19-4
경부선 3층 314호 / T. 02-535-5549

가구와 인테리어 소품

이케아 가구, 인테리어 및 생활, 주방, 패브릭, 키즈 소품 외

👩 가구와 소품, 다현이 방 캐노피
익스홈 / T. 031-319-2811, www.exhome.co.kr 아이컴퍼니 / T. 031-949-2191, www.icompany.tv

가구와 인테리어 소품

우리홍익가구나라 가구 및 인테리어 소품 짜 맞춤 전문

거실, 주방, 서재와 작업실 가구 및 대형 거울
서울시 마포구 서교동 326-10 / T. 02-336-4139

마마스라인 맞춤 가구와 소품

다현이네 침대
T. 031-957-0340
www.mamasline.com

스케치 1993

가구, 패브릭, 생활, 주방 소품

소가구
T. 031-913-0906
www.sketch1993.co.kr

데이지하우스

패브릭 및 생활, 주방, 가드닝 소품

거실 매트
T. 031-511-6211
www.e-daisyhouse.co.kr

마켓엠

가구, 인테리어, 생활, 가드닝 소품

베란다 빗자루, 작업실 조명 기구
T. 02-733-4769 / www.market-m.co.kr

메가룩스 각종 조명 기구

베란다 및 주방 펜던트
서울시 중구 을지로 4가 310-5
T. 02-2265-6911~2 / www.megalux.kr

"여기서 잠깐! 원하는 살림을 만났다고 너무 통 크게 쏘고 계시는 건 아니겠지요?"

가구와 인테리어 소품

무인양품
가구, 패브릭, 주방 및 생활용품, 패션용품

🙂 주방 벤치 의자 위 방석, 서랍 속 수납 도구
T. 1577-2892 / www.mujikorea.net

창고
앤티크 가구 및 소품

🙂 앤티크 양동이
서울시 용산구 이태원동 36-3 / T. 02-794-2711

바이헤이데이
가구 및 리빙 소품

🙂 다현이네 거실 가구
T. 1599-7193 / www.byheydey.com

카라멜샵
패브릭, 생활 소품

🙂 다현이 방 텐트
T. 070-8784-7500
www.e-caramel.co.kr

문고리닷컴
각종 DIY, 리폼, 가구 자재 및 도구

🙂 다현이 방 가구
T. 1566-6322 / www.moongori.com

패브릭과 바느질 도구

네스홈 패브릭 및 부자재, 각종 패키지

🙂 조각 천 및 부자재
T. 1588-4803 / www.nesshome.com

더시에스타 패브릭 및 부자재, 각종 패키지

🙂 조각 천 및 부자재
T. 070-7635-7798 / www.the-siesta.com

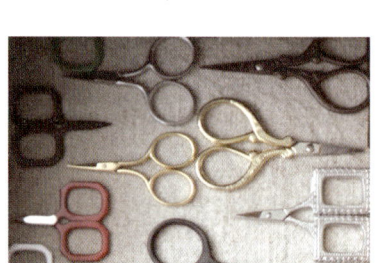

텐바이텐 인테리어, 패션, 생활 관련 각종 살림들

🙂 반짇고리
T. 1644-6030 / www.10x10.co.kr

키스더레이스 레이스 및 자수용품, 바느질 부자재

🙂 바느질 가위
T. 031-8043-1026 / www.kiss-the-lace.com

"숍 정보까지 다 꺼내 놓았으니 저는 이제 그만 책 밖으로 나가렵니다.
자랑할 것도 없는 제 이야기를 들어주셔서 감사합니다. 꾸벅!"

살림이 좋아2

대한민국 '살림청'의 특허 받은 살림꾼!
〈그곳에 그집〉 '땅굴마님'의 두 번째 이야기

찐득찐득 조청 같은 달달한 살림이 온다

그래! 어차피 눈 뜨면 해야 하는 숙제 같은 살림이다.
그러니까 여자들이 이러는 거다.
속속들이 살림 노하우쯤 다 알지만 귀찮아서 대충 하는 여자
잘하고 싶지만 솜씨가 젬병이라 못하는 여자
잘할 수는 있지만 돈줄이 막혀 있어 지레 포기하는 여자
돈만 있고, 솜씨가 없어 허구한 날 졸부 살림만 보여주는 여자
부엌에 들어가기가 죽기보다 싫은 여자
멸치 똥이나 따고, 보리차나 볶으면서 일생을 보낼 수는 없다는 여자
살림의 의무와 책임감에 마음이 돌덩이처럼 무거운 여자
닦고 조이고 기름 치면서 생산성 없는 살림 쳇바퀴만 돌리고 있는 여자
솥뚜껑 운전만 하느라 바깥세상이 얼마나 좋은지를 모르는 여자
화장하고 옷 입는 건 자신 있는데, 부엌에만 들어가면 감 떨어지는 여자
이 결혼을 왜 했나, 날마다 거울 보며 한숨 쉬는 여자…
이런 여자, 저런 여자, 속 터지는 여자들이라면 주목하시라.
대한민국 '살림청'의 특허 받은 살림꾼!
로또 당첨보다 더 화끈하고 드라마틱한 부엌살림 책이
지금 오븐 속에서 따끈따끈 구워지고 있으니까.
기대하시라, 개봉 박두!

살림이 좋아

초판 1쇄 발행 2012년 6월 10일
초판 9쇄 발행 2015년 3월 15일

글·사진 | 이혜선
펴낸이 | 김우연, 계명훈
기획·진행 | fbook 김수경, 김연, 배수은, 박혜숙, 최윤정
마케팅 | 함송이
경영지원 | 이보혜
디자인 | design group ALL(02-776-9862)
디자인 자문 _ 고희청(용인송담대학 시각디자인과 교수)
　　　　　　문재성(용인송담대학 시각디자인과 겸임교수)

사진(인물 및 이미지) | 한정수(etc. studio 02-3442-1907)
일러스트 | 홍수정, 최경애
교정 | 김혜정
출력 | 테크미디어
인쇄 | 미래 프린팅

펴낸 곳 | for book 서울시 마포구 공덕동 105-219 정화빌딩 3층
판매 문의 | 02-753-2700(에디터)
출판 등록 | 2005년 8월 5일 제 2-4209호

값 16,000원
ISBN 978-89-93418-42-2　13590